EU CONTROLO COMO ME SINTO

2ª edição

CLAUDIA FEITOSA-SANTANA

EU CONTROLO COMO ME SINTO

Como a neurociência pode ajudar você a construir uma vida mais feliz

PAIDÓS

PREPARAÇÃO: Fernanda Guerriero Antunes
REVISÃO: Marina Castro e Franciane Batagin
DIAGRAMAÇÃO: Nine Editorial
CAPA E ILUSTRAÇÃO DE CAPA: Filipa Damião Pinto | Foresti Design
ILUSTRAÇÕES DE MIOLO: Bia Lombardi

CIP-BRASIL. CATALOGAÇÃO NA PUBLICAÇÃO
ANGÉLICA ILACQUA CRB-8/7057

Feitosa-Santana, Claudia
Eu controlo como me sinto: como a neurociência pode ajudar você a construir uma vida mais feliz / Claudia Feitosa-Santana. – 2. ed. - São Paulo: Planeta, 2023.
208 p.

ISBN 978-85-422-2400-9

1. Neurociência I. Título

23-5348 CDD 158.1

Índice para catálogo sistemático:
1. Neurociência

EDITORA PLANETA DO BRASIL LTDA.
Rua Bela Cintra, 986, 4º andar – Consolação
São Paulo – SP – 01415-002
www.planetadelivros.com.br
faleconosco@editoraplaneta.com.br

Para meus pais, Dalva e Luiz,
que vivem cada vez mais com ciência.

Agradecimentos

Sou professora e, infelizmente, não tenho como listar todos os alunos e todas as alunas com os quais aprendi muito, no Brasil e nos Estados Unidos, na sala de aula ou nas redes sociais – inclusive pode ser que você seja um deles ou uma delas. Obrigada a todos e todas.

Pelas perguntas difíceis ou pelas respostas esclarecedoras: Afrânio de Carvalho Mendes, Ana Costa Couto, Ana Laura Moura, Camila Campanhã, Diana Tosello Laloni, Einat Hauzman, Guilherme Peres, Marco Antônio Varella, Marcos Lago, Margareth Lutze, Monja Waho, Patrícia Vanzella, Rodrigo Petronio. Espero, contudo, não ter esquecido ninguém – e, caso o tenha feito, saiba que sua importância não é menor.

Por muitas coisas: meu marido e meus pais. Por serem tão especiais na minha vida: minha irmã Sílvia, meus sobrinhos Iago, Luma e Ísis, e meu primo Daniel. Por me instigar a estudar muitos temas deste livro: minha irmã Flávia.

E, por fim, à minha editora Clarissa Melo, que me ajudou constantemente a completar essa ultramaratona: este livro que você tem em mãos.

Prefácio

O que é a mente humana? Sem conhecê-la, sem saber seu funcionamento, como usá-la? Claudia Feitosa-Santana nos aponta caminhos a serem percorridos, com o apoio da ciência – que, maravilhosamente, não tem verdades finais –, para que reconheçamos as armadilhas da mente e nos libertemos delas.

A qualquer momento podemos mudar, rever, testar e, inclusive, criar novos vocabulários, aprender novas expressões sobre quem somos, o que sentimos e o que podemos vir a sentir – como descobrimos ao longo destas páginas, que mostram, acima de tudo, que somos capazes de atingir mais bem-estar.

Claudia também nos lembra de que o bem-estar pessoal depende do coletivo, de todo o planeta, pois estamos interligados, interconectados com tudo que existe. Um exemplo disso é a pandemia, tendo em vista que, em meio a essa crise de saúde pública enfrentada por todos ao redor do mundo, cientistas nos alertaram de que a vacina aplicada apenas a alguns ou mesmo milhões não será suficiente para conter o coronavírus. Essa ideia, apresentada no livro como "relacionalidade", é chamada de "interser" pelo monge vietnamita Thich Nhat Hanh. Estamos, cada um e uma de nós, inter-relacionados uns aos outros: intersomos. Assim como a economia circular é uma nova maneira de nos vermos e de entendermos a realidade, este livro nos ensina uma nova forma de viver e aprender com a ciência.

Portanto, a consciência de si está relacionada à consciência da vida na Terra e da vida de todos os seres que a coabitam. A frase "Conhece-te a ti mesmo", inscrita na entrada do Templo de Apolo, em Delfos (antiga cidade grega), resume o que compreendemos sobre autoconhecimento: ele liberta e facilita respostas adequadas às provocações do mundo e do nosso próprio ser. Nesta obra, por meio da seção "Conheça a si mesmo", encontrada no fim dos capítulos, nós podemos refletir a respeito dos próprios sentimentos, olhar para dentro e nos autoconhecer.

Quando iniciei minhas práticas zen, na Califórnia, minha orientadora, a monja Charlotte Joko Beck, dizia: "Podemos controlar como respondemos ao que sentimos". Refleti e entendi. Passei a perceber o que estava sentindo. Eram como raios rápidos: o que fazer? Como responder? Em alguns instantes, este computador chamado cérebro é capaz de processar nossas emoções e oferecer alternativas para lidarmos com elas – o que, no livro, é apresentado como possibilidades de sentimentos, sendo que os mais adequados ao nosso bem-estar podem ser escolhidos por nós. No zen-budismo, é o que chamamos de discernimento correto, sobre o qual Claudia fala a partir da neurociência.

Emoções e sentimentos parecem emaranhados, e dificilmente sabemos dizer qual é qual, mas a neurocientista os desembaraça neste livro e facilita o autoconhecimento.

A consequência é sermos, então, protagonistas da nossa história, sem vaidades, sem apegos, sem aversões, compartilhando o que aprendemos e aprendendo o que compartilhamos. Quando deparamos com a leveza de perceber que a mente é incessante e luminosa, que tudo está em constante transformação e que podemos agir de maneira adequada para sermos agentes de mudança, tudo começa a fazer sentido e a vida se torna digna de ser vivida. Como Claudia nos mostra, aquele que lidera a si mesmo aumenta suas chances de ser líder de outros.

Há anos, fiz parte de um projeto de pesquisa científica da Universidade Federal de São Paulo (Unifesp) em parceria com o Hospital Israelita Albert Einstein, em que vários grupos de pessoas participaram de retiros zen, com duração de cinco dias cada. Todos passaram por ressonância magnética funcional antes e depois do retiro, seguindo os rigores estatísticos necessários e respondendo aos imprevistos da jornada. Foi lá que encontrei a Claudia, evento que ela reconta aqui, quando eu a surpreendi com a minha reação ao saber que o equipamento estava com defeito e que haveria atraso nas ressonâncias.

Já havíamos, depois de cinco dias de silêncio e quietude, atravessado um trânsito pesado na entrada da cidade de São Paulo. Minha única preocupação seria a de haver alterações nos resultados da pesquisa, posto que nos submetemos a um "teste de paciência" diante da lentidão dos carros. E, depois, ainda veio o atraso... Mas não fiquei aflita, angustiada, nervosa ou brava. Sorri.

Certamente deve ter havido alguma alteração. Tudo nos transforma. Poder responder a questões antagônicas com menor necessidade de oxigenação no cérebro foi um dos resultados interessantes. Leveza. Acertar ou errar – tudo bem. Chegar a esse lugar é chegar ao agora. O agora infinito de todo passado e todo futuro. Presença pura é o despertar. Em *Eu controlo como me sinto*, Claudia comprova como essa presença é a consciência deliberada, que nos faz construir o que *estamos* e quem *somos*. Mais um ponto de virada que une zen-budismo e neurociência.

Mas a grande contribuição da autora é trazer a ciência para nosso entendimento da felicidade. No zen-budismo, felicidade é o que chamamos de Nirvana: um estado de plenitude, de perceber o todo em um e o um no todo. Ou seja, para penetrar a mente precisamos reconhecer que somos pequeninos flocos de poeira cósmica – e que, ao mesmo tempo, o que falamos, fazemos e pensamos mexe na trama da existência. Esta compreensão é o cerne deste livro: quanto melhor e mais conscientemente entendemos a nós e ao nosso lugar no mundo, mais fácil se torna o controle de como nos sentimos e, por consequência, maiores as chances de construir uma vida feliz.

Por isso, aprecie a leitura. Leia e reflita. Penetre. Verifique. Medite. Desperte. Aproveite sua vida.

Transforme o mundo aprendendo sobre você e o cérebro humano. Lembre-se do que disse o poeta mineiro Carlos Drummond de Andrade: "Teus ombros suportam o mundo e ele não pesa mais do que a mão de uma criança".* E, como Claudia nos ensina, o mundo está dentro de nossa mente. Afinal, estas páginas, de linguagem facilmente compreendida por qualquer pessoa, são um portal.

Mãos em prece,

Monja Coen

---

* Trecho do poema "Os ombros suportam o mundo", da obra *Sentimento do mundo*. Cf. Andrade, C. D. (2012). *Sentimento do mundo*. Companhia das Letras. (N.E.)

Sumário

Apresentação

Faz cerca de vinte anos que iniciei minha carreira em neurociência. Minha motivação foi entender como nossa mente funciona, pois estava cansada de regras duvidosas, desde a que estabelecia a "cor mais adequada para o quarto" até a dos "sinais do universo para definir o futuro". O que eu faço nestas páginas é lhe apresentar o conhecimento científico para que você se beneficie dele na sua vida.

Apesar de a ciência ser o melhor que temos para nos ajudar a realizar as melhores escolhas, no plano individual e coletivo ela não é perfeita, pois é feita por humanos – e nós somos imperfeitos. Ainda assim, ela é um processo que se corrige constantemente. Por isso, preciso lhe dizer que ainda não se chegou a um consenso a respeito de muitos assuntos discutidos aqui, sobre os quais deixo referências nas notas bibliográficas, no fim do livro. Nestas páginas, eu adoto determinadas posturas que percebo ganharem mais evidência científica, como a de que sentimentos são únicos, a de que liderança é algo a ser conquistado e a de que o cérebro não é um órgão genital, entre outras. Também é importante dizer que, na ciência, é comum cientistas darem significados diferentes para as mesmas palavras. Ao longo dos capítulos que seguem, então, busco deixar claro qual foi o adotado por mim.

A neurociência é o estudo científico do sistema nervoso; em outras palavras, é o estudo da mente. E isso implica interdisciplinaridade, desde a biologia, a evolução, até a inteligência artificial, incluindo, principalmente, as psicologias e também a psiquiatria e a neurologia. Aliás, poucos sabem que a disciplina com o nome neurociência nasceu da psicologia experimental.

Mas, na verdade, já fazíamos neurociência havia muito tempo, desde que a mente passou a ser estudada com o método científico.

Este, porém, não é um guia introdutório de neurociência, ainda que sejam apresentados alguns dos conceitos importantes e atuais da área. Eu escrevi este livro para você viver melhor por intermédio da ciência. Se você entender melhor como a mente funciona, terá mais chances de controlar seus próprios sentimentos e construir uma vida mais equilibrada. O meu objetivo é fazer você se tornar um agente mais ativo da sua própria história para também se sentir mais confortável em procurar um profissional quando necessário. Afinal, a ciência oferece conhecimentos importantes para sermos mais mestres do nosso destino – se, é claro, aceitarmos o desafio.

O que você encontrará aqui

Este livro é composto de nove capítulos. No capítulo 1, tento explicar a diferença entre emoções e sentimentos, e busco apresentar de maneira didática como, ao aprender mais sobre eles, podemos mudar nosso comportamento para obter bem-estar. Em seguida, no capítulo 2, meu objetivo é mostrar como, por sermos seres sociais, também teremos que aprender a lidar com as pessoas e cultivar laços com elas, os quais são fundamentais para uma vida feliz – ainda, é claro, que essa sociabilidade traga paradoxos e desafios. No capítulo 3, procuro fazer você entender como os nossos sentidos, por serem limitados, influenciam nossas emoções e nossos sentimentos, assim como nossa relação com os outros. O capítulo 4 é sobre a tomada de decisões e a importância de determinar como devemos alocar nossa energia cerebral para fazermos escolhas melhores. O capítulo 5, por sua vez, trata dos pontos cegos, que são os vieses sobre os quais devemos refletir e aos quais precisamos nos atentar, tanto para nossa vida particular quanto em sociedade. Já o capítulo 6 fala de uma palavra que está na moda, a empatia, seu funcionamento e como um tipo específico dela pode nos ajudar a nos conectarmos com os outros – porém sem que isso resolva todos os problemas da sociedade. Por isso, o respeito é fundamental e, como ele está fundado na moralidade, este é o tópico do capítulo 7, sobretudo sua correlação com o que nos leva a cometer enganos. O capítulo 8 é sobre liderança e sua importância ímpar para alcançarmos mais bem-estar para nós e para a sociedade em geral, ao nos ajudar, entre outras coisas, a enfrentarmos o monstro da procrastinação e permitir criatividade e inovação. Destino o capítulo final à felicidade, um dos produtos mais cobiçados do mundo, e o que você precisa entender para construir uma vida feliz.

Além disso, ao longo destas páginas será discutida a importância de expandir nosso vocabulário para falar de nossos sentimentos com mais acurácia. Isso não à toa: como deixo claro logo no primeiro capítulo, é muito importante aprender a ler o corpo e explicar o que acontece nele, como nos sentimos. Por isso, no fim do livro, você encontrará o "Novo dicionário de sentimentos", uma lista de verbetes de diferentes línguas que podem ajudar a identificar melhor seus sentimentos e expressá-los com a maior precisão possível. Inclusive estimulo que os termos presentes aqui sejam só os primeiros e que, ao longo da vida, você amplie ainda mais esse inventário.

Espero que, por meio destas páginas, você possa entender um pouco mais sobre si mesmo, se libertar de mitos limitantes e encontrar a motivação necessária para construir uma vida mais equilibrada e feliz – que você certamente merece.

Claudia Feitosa-Santana

1

Tu és eternamente responsável por aquilo que sentes

Você é alguém que se irrita profundamente com uma pessoa ou situação, reagindo de maneira que depois se arrepende? É do tipo que se comporta ironizando, xingando ou, até pior, agredindo? Ou, ainda, é daqueles que adotam uma postura passivo-agressiva, igualmente vergonhosa? A neurociência mostra que é possível mudar esse comportamento – o que é fundamental para a saúde dos nossos relacionamentos, tanto os familiares quanto os de amizade e de trabalho.

Como bem mostra o filme *Brilho eterno de uma mente sem lembranças*, em muitas situações difíceis – grande parte das quais inclui nossos relacionamentos –, nos desesperamos, e o que mais queremos é apagar determinada pessoa de nossa vida. Em geral, o que fazemos? Nós nos afastamos de diferentes maneiras. Na vida digital, podemos silenciar, ocultar, apagar, bloquear os outros… Na vida "real", podemos mudar de casa, cidade, escola, trabalho etc. E há até mesmo aqueles que chegam ao extremo de matar seus desafetos. Muitas dessas formas de afastamento são feitas por impulso, sem que tenhamos processado devidamente nossos sentimentos. Além disso – o que é pior –, essas são atitudes difíceis ou impossíveis de reverter. Mas, tanto no filme quanto no poema de Alexander Pope que dá nome ao longa-metragem,[1] o sofrimento faz parte da vida, e o nosso brilho está em entender, aceitar e processar o que sentimos.

Hoje, entender nossos sentimentos tem um valor altíssimo, graças a estudos realizados nas últimas décadas. Com isso, a "inteligência emocional"* começou a ser ensinada nas escolas, incluindo as de negócio. Mas, apesar de ser uma habilidade, não existe consenso sobre como ela pode ser medida, a despeito de muitos ganharem dinheiro com supostos testes para que você avalie a sua.[2]

A terapia é uma das técnicas que se provou mais eficaz, e o seu poder está em nos ajudar a entender o que sentimos, a lidar com nossos sentimentos e a buscar mudanças de comportamento. E ela pode ser ainda mais poderosa quando realizada com crianças, que costumam ser como esponjas – terminologia que realmente define a forma como seus cérebros conseguem absorver novos conhecimentos. **E não há nada mais importante, ao longo da vida, do que entender o que sentimos.**

O descontrole dos sentimentos é o que leva os personagens Joel, interpretado por Jim Carrey, e Clementine, protagonizada por Kate Winslet, a contratarem uma empresa para apagar as memórias que tinham um do outro. O longa nos faz, inicialmente, acreditar que é possível localizar e apagar as lembranças dentro do cérebro, mas, na verdade, controlar nossos sentimentos significa aprender a lidar com eles. A notícia ruim é que o caminho do aprendizado não é tão fácil como nos filmes, para o azar daqueles que sofrem de coração partido. A boa notícia é que ele existe e, apesar de trabalhoso, está à disposição de todos nós.

Não somos nada, mas, sim, estamos alguma coisa

Uma das melhores coisas da língua portuguesa é diferenciar o verbo *ser* do verbo *estar*. E é nessa diferença que reside nossa primeira lição: não somos nada, mas, sim, estamos alguma coisa. Isso significa que não somos alegres ou tristes, mas estamos alegres ou tristes. Não somos fracassados ou bem-sucedidos, mas estamos fracassados ou bem-sucedidos.

Ora, se nós estamos, e não somos, isso quer dizer que podemos modificar nosso estado, o que abre portas. Muito do que acreditamos "ser" nossos sentimentos na verdade não passa de um estado passageiro. Por exemplo, se

* Em razão disso, é importante notar que a terminologia "inteligência emocional" mais atrapalha do que ajuda: ela faz acreditar que há uma separação entre razão e emoção, que, por sua vez, justificaria a distinção entre inteligências – a clássica, "racional", e a "emocional". Aqui, defenderei que razão e emoção sempre caminham juntas.

você *tem* depressão, não é deprimido, e sim *está* deprimido. Olha que libertador! Ao nos darmos conta dessa verdade fundamental, instauramos a possibilidade de ganhar o controle sobre nós mesmos.

Isso porque nenhum de nós nasce com circuitos neurais prontos. Pelo contrário, esses circuitos são construídos[3] de acordo com nossa história e o que fazemos com ela. Portanto, **nossos sentimentos não são características intrínsecas da nossa personalidade: em grande parte, eles são construídos por nós.** Se fôssemos computadores, nossos sentimentos fariam parte do nosso software, em vez de ser uma peça do nosso hardware. Em outras palavras, eles são mais adquiridos do que inatos. Por isso, temos a possibilidade de modificar hábitos negativos – você pode construir um novo circuito neural para sua relação com aquela pessoa irritante, por exemplo. É possível ensinar seu cérebro a trocar a irritação por menos irritação; depois, por indiferença; e, quem sabe um dia, até mesmo por gratidão.

É como diz o ditado: "Tudo passa". **Nossos estados são sempre temporários e, por isso, somos o verbo *estar*.** O conjunto dos estados temporários forma quem somos. Veja da seguinte maneira: você pode entender seu estado presente, a maneira como se sente neste exato instante, correto? Chamaremos de passado os estados que você guarda na memória. E aqueles que você guarda na imaginação, o que pode vir a sentir, são o futuro. Quando tentamos compreender ou planejar nossa jornada, acionamos nossa percepção de tempo, que engloba tanto o passado quanto o futuro. A grande mensagem é que, ao fazer isso, você precisa ter consciência de que, assim como no presente, no passado e no futuro, estivemos e estaremos mais do que fomos e seremos. Se Joel e Clementine tivessem aprendido essa lição, não teriam se descontrolado e tentado apagar as memórias que tinham um do outro, pois teriam ciência de que as memórias vão naturalmente se apagando com o tempo. Quando sabemos disso, podemos acelerar o esquecimento das ruins e desacelerar o das boas.

Nossos sentimentos são únicos, e não universais

Pense na tristeza. Cada momento em que você se sentiu triste parece único, não é mesmo? Isso é porque ele realmente é. Se alguém passasse pela mesma situação que você, mesmo que também se sentisse triste, seria de maneira singular, diferente da sua. Charles Darwin já sabia disso. Embora o naturalista não seja muito bem compreendido até hoje, séculos atrás ele nos ensinou que uma espécie* é formada por indivíduos com características universais, mas cada indivíduo é único. O mesmo raciocínio vale para nossos sentimentos.[4] Ainda que eles tenham características compartilhadas,[5] nenhuma pessoa sente igualzinho à outra.

Sentimentos são como a fruta que a gente compra no mercado.[6] Quando você chega ao hortifrúti, vê várias bananas muito parecidas, mas você nunca encontrará uma banana idêntica à outra. É o que acontece com os sentimentos. Há muitos outros exemplos que nos ajudam a compreender melhor essa questão. Se eu e você pensarmos numa cadeira, dificilmente teremos em mente a mesma cadeira, mas nós dois teremos uma ideia comum do que ela constitui.[7]

Da mesma forma, um sentimento é universal no sentido de que todos nós podemos nos sentir felizes, tristes, medrosos, excitados, ansiosos etc. Entretanto, somos diferentes em dois pontos fundamentais. Exatamente agora, diante da mesma situação, neste tempo e espaço, eu e você nunca nos sentiremos do mesmo jeito, mesmo se dissermos que ambos nos sentimos felizes. Mesmo compartilhando similaridades, os sentimentos se apresentam no cérebro de maneira particular a cada um. Agora, imagine que você se recorda de um momento do passado em que se sentiu de maneira parecida como se sente neste instante. Ainda assim, esses dois sentimentos – o do presente e do passado – não são idênticos.

A maneira como nos sentimos nunca se repete no tempo e jamais é igual à forma como outra pessoa se sente – que nem bananas e cadeiras, que vão se modificando e apresentando mudanças à medida que o tempo passa. Por isso, os cientistas falham em tentar encontrar uma impressão digital para os sentimentos, ou seja, não conseguem discernir as marcas específicas no corpo e no cérebro que possam definir um determinado sentimento. E os filósofos já sabiam disso. Na Grécia Antiga, Heráclito, um dos pensadores mais antigos que conhecemos, afirmou o seguinte: “Não podemos nos banhar no mesmo rio duas vezes”.[8] Mas, afinal, o que são os sentimentos?

A diferença entre emoção e sentimento

Até aqui, usei a palavra “sentimento” e não mencionei a palavra “emoção”. Isso porque cientificamente elas não são iguais. Antes de explicar a diferença

* Conforme o dicionário Houaiss, na ciência, espécie é um grupo de indivíduos que são semelhantes entre si e com seus progenitores, cruzando uns com os outros para produzir descendentes férteis (Houaiss et al., 2001).

entre elas, contudo, preciso pontuar que não existe um consenso sobre suas definições. Estudos mais recentes sugerem que sentimentos e emoções ocorrem em etapas distintas em nosso processamento cerebral. Alguns autores afirmam que a emoção antecede o sentimento;[9] outros, que o sentimento antecede a emoção.[10] Porém é apenas uma questão de glossário. Neste livro, eu faço uso da primeira opção para seguir a terminologia adotada pelo cientista António Damásio, um dos precursores dessa descoberta sobre nosso cérebro.[11] Nestas páginas, vou me referir à emoção como aquilo que antecede o sentimento.*

Desde que o filósofo René Descartes cunhou, no século XVII, a frase "Penso, logo existo" em sua obra *Meditações metafísicas*,[12] passamos a exigir que as pessoas controlem suas emoções e não sejam "emotivas". É como se houvesse, em todos nós, duas partes: a emocional e a racional. E uma precisa ser aniquilada para que a outra prevaleça. Mas isso é um grande equívoco, pois não temos como separar o corpo da mente e, logo, emoção e razão andam juntas. Será que, então, o mais correto seria dizer "Sinto, logo existo"? Com ajuda da neurociência, veremos que não só "Sinto, logo existo", como isso é sinônimo de "Entendo, logo existo". É preciso, portanto, reunificarmos emoção e razão para pavimentar o caminho em direção ao controle de nossos sentimentos.

A emoção vem antes do sentimento, porque ela está no corpo. Já o sentimento é a interpretação da emoção, sua experiência mental. Pense naquela pessoa irritante para você. A emoção está na mudança no batimento cardíaco, da temperatura do corpo, no frio na barriga, numa náusea ou numa dor de cabeça que você sente na presença desse alguém. Já o sentimento é a forma como interpretamos esse conjunto de alterações. E, no caso específico da pessoa irritante, você pode interpretar como raiva, irritação, medo etc.

Na verdade, nada no mundo define o seu sentimento. O que realmente importa é como interpretamos as emoções que afloram em nós. Poucos sentimentos são verdadeiramente intrínsecos, ou seja, vêm junto com a emoção, como faminto ou sonolento – que inclusive podem ser subjetivos e variam muito de pessoa para pessoa. Além disso, mesmo esses podem ser negligenciados e confundidos com outros. **A maior parte de nossos sentimentos é complexa e construída com a nossa história.**

---

* Nesta obra, não vou lidar com sentimentos em mais de um nível, como faz Damásio. Isso pediria um livro específico sobre emoções e sentimentos. Assim, para nosso nosso aprendizado, basta saber que a emoção antecede o sentimento e que eles designam categorias diferentes.

O problema é que, em geral, justamente por serem complexos, não sabemos interpretá-los corretamente. Ou pior: interpretamos de uma maneira que não nos beneficia, não agrega nada em nossas vidas. Não é uma tarefa fácil aprender a ter certeza do que sentimos. Por exemplo, o enjoo pode ser uma emoção ou um sentimento, a depender do motivo que o provocou. Se você comeu algo estragado, terá uma intoxicação alimentar; o enjoo, portanto, é uma emoção *e* um sentimento – é tanto o conjunto de alterações corporais quanto a intepretação que se deu a ele. Mas, às vezes, sentimos enjoo quando estamos com muita fome ou privados de sono. Nesse caso, ao me sentir enjoado, posso não perceber que o sinto porque estou faminto ou sonolento. E, se a causa do meu enjoo não for resolvida, o corpo continuará enviando-o como um alerta, pois, quanto mais enjoados nos sentirmos, maiores as chances de procurarmos a solução de que precisamos. Os pais de crianças pequenas sabem bem o que é isso. Bebês não podem nos dizer o que estão sentindo e só conseguem se expressar pelo choro. Com frequência, os pais se desesperam com razão, porque a lista das causas do choro é grande: fome, sono, cólica, dor, e por aí vai. Assim como o choro de bebês, em muitas ocasiões, o enjoo pode ser, na verdade, apenas uma emoção. Isso acontece com muita gente. Muitos de nós já nos sentimos enjoados por causa de medo, ansiedade, raiva, tristeza. O importante é notar que, nesses casos, o enjoo é só uma emoção. O sentimento é medo, ansiedade, raiva, tristeza etc.

Procurar entender o que está acontecendo com o seu corpo – ou seja, conhecer suas emoções e o que as causa – é fundamental. Só tome cuidado para não pensar demais! Então, reflita comigo: pense de novo naquela pessoa irritante. Agora, selecione três sentimentos que normalmente você tem em relação a ela. Para ajudar, vou lhe dar algumas opções. Observe o quadro a seguir:

Injustiçado(a)	Raivoso(a)
Manipulado(a)	Arrogante
Ignorado(a)	Ansioso(a)
Traído(a)	Invejoso(a)
Atacado(a)	Vingativo(a)
Abandonado(a)	Triste

Rejeitado(a)	Impotente
Negligenciado(a)	Impaciente
Desconsiderado(a)	Sozinho(a)
Enganado(a)	Depressivo(a)
Abusado(a)	Angustiado(a)
Rebaixado(a)	Cansado(a)
Usado(a)	Agressivo(a)

Em qual das colunas você encontra a maioria de seus sentimentos? Agora reflita: você percebe que existe uma diferença muito grande entre essas duas listas? Essa diferença é bem importante e pode ajudar você a entender como se sente – e o que precisa fazer para se sentir melhor.

Escolhendo o que você sente

Se você listou sentimentos que se encontram na coluna da esquerda, tenho más notícias: você está responsabilizando a pessoa que o incomoda pelo que você sente. E, por isso, depende dela para se sentir diferente. Se você listou sentimentos que se encontram na coluna da direita, porém, se responsabiliza pelo que sente e pode alterar seu estado sem a ajuda de ninguém.[13]

Inclusive, mesmo quando passamos por situações muito difíceis, também é possível mudar o que sentimos para nos recuperarmos do trauma. Vamos supor que você seja assaltado à mão armada. Ao pensar no ocorrido, é bem provável que você selecione sentimentos da coluna da esquerda. Isso porque situações assim costumam fazer as pessoas associarem o que sentem a quem lhe faz mal. Você é uma vítima, obviamente. Com o tempo, contudo, mesmo não podendo alterar o ocorrido, você pode escolher como lidar com ele. E, daí, seus sentimentos vão da coluna da esquerda para a da direita.

Ou seja, mesmo que o outro tenha agido de uma maneira condenatória e criminosa, se você não assumir o controle pelo que sente, acaba se tornando dependente dele – e esse é o pior caminho. As pessoas devem responder por suas atitudes e ações, mas você pode tomar as rédeas de como lida com elas.

Na maior parte das vezes, inclusive, você enfrentará situações mais cotidianas, como o término de um relacionamento, uma demissão, um conflito com um amigo. **É muito importante ser responsável pelo que sente, pois aí o controle passa a ser seu.** Você pode, por exemplo, se dedicar a atividades e pessoas que o fazem se sentir melhor. Com tempo e ajuda, pode se recuperar do mal que lhe fizeram e seguir com a sua vida. **Você é fonte de sua própria potência.**

O que eu estou sentindo exatamente?

Quando trazemos para nós mesmos a responsabilidade pelo que sentimos, iniciamos uma grande e difícil missão: entender o que sentimos exatamente, o que também pode ser chamado de acurácia do sentimento.

Aprender a ter acurácia pode levar um tempo. Quando não sabemos exatamente como nos sentimos, o melhor a fazer é sermos menos específicos na descrição dos sentimentos para evitar uma descrição equivocada e, quem sabe, mais sofrimento. Por isso, devemos começar analisando um sentimento de maneira mais genérica, básica, indeterminada, para que, aos poucos, o entendimento que temos dele se torne mais singular. Uma forma de começar é verificando se estamos bem ou mal, calmos ou agitados. A partir desses pares,[14] passamos à combinação de dois deles: bem e agitado ou bem e calmo, mal e agitado ou mal e calmo. Depois, passamos a ser mais específicos.

Como estou me sentindo neste instante?

○ Bem	○ Calmo(a)
○ Mal	○ Agitado(a)

As crianças, quando pequenas, não sabem muito bem dizer se sentem raiva, tristeza ou medo, mas reconhecem que sentem algo ruim. Isso nos mostra que nascemos com a capacidade de distinguir o bom do mau e, depois, ao longo da vida, a nomear o que sentimos. E, quanto maior nosso vocabulário, mais específicos seremos. Se precisamos que alguém nos entenda, temos que ser muito eficazes em comunicar como nos sentimos para nos aproximarmos das pessoas.[15]

Quanto mais específico você for ao nomear o que sente, melhor para você. Pense num artista que trabalha com uma paleta de cores bastante diversa há muitos anos. Provavelmente ele tem nomes para os diferentes tons de uma cor, como índigo, cobalto, marinho ou céu para se referir aos diferentes azuis. O mesmo funciona para a tristeza, que tem uma gama de variações, como desânimo, ansiedade, angústia, depressão, saudade. **Quanto mais específico você for, maior será a sua compreensão e, logo, ficará mais claro o que fazer para se sentir melhor.** Ter acurácia para identificar os seus sentimentos pode, inclusive, reduzir a dor, porque não saber exatamente o que sentimos gera mais sofrimento. Isso acontece porque nosso cérebro não sabe lidar com dúvidas (falaremos mais sobre isso nos capítulos 3 e 5).

Quanto mais termos, mais fácil se torna o trabalho do nosso cérebro. É como se criássemos uma gaveta que podemos abrir com facilidade para identificar o que sentimos. E isso custa menos para ele; funciona como um atalho – uma palavra que substitui uma frase. E, como nossa sociedade está cada vez mais complexa – com muitos eventos, diferentes tipos de relação etc. –, cada vez maior deve ser o nosso vocabulário.

É por isso que quem aprende outras línguas costuma usar termos estrangeiros para se expressar: ao aumentar o vocabulário, torna-se possível identificar o que se sente de maneira mais econômica. Caso contrário, são precisos vários vocábulos encadeados com lógica, ou seja, uma história para explicar para nós mesmos ou para os outros como nos sentimos. Um bom exemplo é a expressão alemã *schadenfreude*, para a qual não há uma tradução literal em português; por isso, precisamos de mais palavras para explicá-la. Poderíamos dizer que o "prazer com a desgraça alheia" é o sentimento de achar engraçado, por exemplo, quando alguém escorrega no meio da rua. Veja que a minha definição em português soma cinco palavras contra apenas uma palavra da língua alemã. Então, se você adicionar *schadenfreude* ao seu vocabulário, pode rotular rapidamente com mais acurácia. Para aprender mais palavras, dê uma olhada no "Novo dicionário de sentimentos", no fim deste livro.

Schadenfreude

subs. mas.

do alemão, *Schaden* ("dano") e *Freude* ("alegria"), significa "prazer ou satisfação quando algo de ruim acontece com alguém".[16]

O problema é que, com frequência, não sabemos o que sentimos, mesmo quem está acostumado a ler as próprias emoções e achar que sabe o que sente. Um exemplo muito bom é a ansiedade, porque ela facilmente pode ser confundida com outros sentimentos, até mesmo com doenças, como ataque cardíaco.

Mas por que erramos tanto? Porque, assim como aprendemos a ver, ouvir e andar, **precisamos aprender a nos conectar com nosso corpo e ler o que acontece nele**. Esse é um dos nossos sentidos mais desconhecidos e possui um nome: interocepção.[17] Para a visão e audição, somos estimulados desde bebês com expressões do tipo: "Olha esta bola amarela. Que linda!". Nessas frases, vemos como aprendizados visuais e auditivos aparecem juntos. Aprender a entender o que acontece em nosso corpo é bem mais difícil e não costuma ser estimulado de maneira correta. Em geral, o mundo adulto costuma emitir muitas frases afirmativas sobre o estado da criança em vez de perguntar a ela o que está acontecendo dentro de si.

Nesse sentido, podemos pensar que estamos ficando empobrecidos de sentimentos,[18] porque, cada vez mais, colocamos diversos sentimentos dentro de um mesmo guarda-chuva.[19] Os africanos escravizados que desembarcavam no Brasil sentiam *banzo*, palavra que usavam para designar uma tristeza profunda por estar longe de casa. Em casos extremos, esse sentimento os levavam à morte.[20] Hoje, é um dos vários que são colocados dentro do guarda-chuva da "depressão".

Contudo, ainda que não seja perfeita, a classificação atual de transtornos mentais pode ajudar a traduzir nossos sentimentos, e é muito importante procurar psicólogos e psiquiatras quando estamos sofrendo. Um diagnóstico equivocado é perigoso: pode fazer com que se tome uma medicação errada e, logo, levar à demora a se conseguir o tratamento adequado. Além disso, o não tratamento pode levar ao suicídio – 98% das pessoas que se matam possuem transtorno mental, e a maior parte nunca se tratou.[21] Por isso, se você estiver com dificuldade de nomear seu mal-estar, procure ajuda.

Aprendendo a mudar como me sinto

Agora que vimos como o sentimento é a interpretação de um conjunto de alterações no corpo – a saber, emoções –, é preciso explorar como ele pode ser mudado. Vamos nos lembrar de novo daquela pessoa com a qual você se irrita. Dessa vez, relembre a última situação que vivenciou com ela.

Em especial, escolha um momento em que teve uma reação da qual se arrependeu – talvez você tenha sido excessivamente grosso ou até mesmo deixado de dar a réplica que gostaria. É bem comum sentirmos vergonha depois dessas situações, mas isso depende da personalidade de cada um, é claro. Se você é do tipo que age com agressividade, passivo-agressividade, ironia, xingamento, agressão física ou, até mesmo, que fica sem reação, como pode mudar?

Como já sabemos, é bastante útil ter acurácia sobre o que sentimos. **Depois de conseguir entender o que sentimos, podemos reinterpretar nossos sentimentos, ajudando a mudança de comportamento.** Na maioria das vezes, essa compreensão vem com a percepção de que nos colocamos no lugar de vítimas (ver tabela das páginas 26 e 27).

Uma vez que você identificou o tipo de sentimento que aflora diante da pessoa irritante, precisa se esforçar para reinterpretá-lo e se tornar responsável pelo que sente. Não pense, contudo, que posso dar uma receita para que você faça isso. Na verdade, mudar o comportamento é mais complicado que um simples passo a passo. Você precisa criar a sua própria receita. E, depois, ajustá-la, dosar os ingredientes – enfim, aprimorar seu repertório de reações até achar o que funciona para você, como sabem bem os cozinheiros experientes. Se você não é um cozinheiro experiente, já tentou fazer pão de fermentação natural? Assim como o pão depende da temperatura e umidade local, além do tipo de farinha, entre outros elementos, o seu sentimento depende de uma combinação de fatores que englobam sua experiência, seu contexto, sua saúde etc. Tanto o pão saboroso quanto um sentimento adequado são resultados de uma receita complicada que vai se tornando mais fácil com treino, ao ponto de você ser capaz de criar a sua versão única dela para lidar com o que sente.

Assim, a primeira mudança que gera um bom resultado, em que você age de maneira mais adequada, deve ser repetida, e repetida, e repetida, e repetida... E por que precisamos repetir tanto? Quando agimos de modo descontrolado, primeiro vem o alívio, depois, a vergonha ou o arrependimento (bem, não para todos, mas, se você está lendo este livro, não deve ser o seu caso). Como o alívio é a primeira reação, o cérebro vai querer apostar nela de novo. Conclusão? Você vai fazer tudo igual – ou seja, vai novamente agir de maneira vergonhosa com a pessoa irritante para sentir a satisfação do alívio. Por isso, se você quebrar o padrão e produzir um novo comportamento que também é satisfatório, seu cérebro aprenderá a apostar melhor. Continue repetindo o padrão novo até cristalizá-lo em um novo comportamento.

Imagino que você já deve ter percebido o problema dessa equação. Nós somos mestres em repetir os mesmos erros, e redefinir nosso comportamento dá trabalho. Para mim, para você, para todo mundo! É preciso muita atenção para prever os momentos que disparam gatilhos, porque, uma vez acionados, será muito difícil – ou quase impossível – agir de outra forma. E, quando você parar para pensar, a situação já terá passado e só restará mitigar os danos. **Precisamos, portanto, repetir os acertos até que eles se tornem automáticos.**

Transtornos mentais: entre o estigma e o exagero

Se todo sentimento é único, o mesmo vale para o sofrimento. Mas vivemos tempos em que muito facilmente caímos em extremos, seja a estigmatização que gera o preconceito contra medicações para tratar dessas doenças ou o pensamento equivocado que gera o abuso de medicações. Ambos causam mais sofrimento.

Se temos uma tendência para ter cálculo renal, precisamos nos certificar de que estamos bebendo água. Se a nossa tendência é ter gastrite, devemos nos certificar de que não abusamos de alimentos e bebidas que são ácidos para o estômago. E precisamos investigar as causas específicas para cada um desses diagnósticos, que variam de pessoa para pessoa. Porém, quando o assunto é transtorno mental, diferentemente do que acontece com o cálculo renal ou a gastrite, com frequência as pessoas recusam tratamento. Ou pior: nem sequer procuram a ajuda de um psicólogo ou psiquiatra.

Em geral, transtornos mentais não se instalam da noite para o dia; pelo contrário, eles vão se instalando pouco a pouco. **Quando não prestamos atenção aos sinais de que algo está errado conosco, ou quando negamos que há algo errado, ou quando consultamos pessoas não capacitadas para nos acompanhar, e assim por diante, corremos o risco de desenvolver problemas ainda mais sérios.** Mesmo que tenhamos tendência genética para os transtornos de ansiedade e depressão, por exemplo, esse resultado muitas vezes poderia ser prevenido. Já em transtornos como o obsessivo-compulsivo (TOC), entre outros cujo desenvolvimento é difícil impedir, a aceitação do tratamento é crucial para evitar e transformar o sofrimento.[22] Então, ainda que o distúrbio não possa ser completamente curado, aceitar que há algo de errado e que precisa de ajuda é o caminho para buscar o tratamento adequado, que, assim como o sentimento que você carrega, deve ser único.

Durante anos, eu passei por profissionais que desaconselhavam a medicação. Enquanto você está lendo este livro, há milhares de pessoas se consultando com profissionais incapacitados para diagnosticar ou tratar um paciente com transtornos mentais. No transtorno depressivo ou de ansiedade, por exemplo, alguns conseguem lidar com seu mal-estar por meio de mudanças em sua rotina; outros, com terapia; outros, com alterações na rotina e terapia; e há aqueles que, como eu, precisaram de mudanças na rotina, terapia e medicação. Por isso, não podemos ter vergonha de ir ao psiquiatra ou ao psicólogo, da mesma forma que não temos vergonha de ir ao urologista ou ao gastroenterologista.

Quando, enfim, encontrei a minha psicóloga, que me disse que só faria a terapia se eu tivesse acompanhamento psiquiátrico, eu chorei. E chorei copiosamente quando o psiquiatra me disse que eu estava, de fato, com depressão e precisava ser medicada. Então ele me perguntou se eu estaria chorando se soubesse que tinha miopia e precisasse usar lentes. "É claro que não", respondi a ele, que me explicou que a situação era análoga. **Tudo que é mental também é físico. Por isso, precisamos de tratamento para alterações psicológicas.** E isso é verdade para crianças, adolescentes, adultos e idosos.

É verdade que, em alguns momentos, a vida pode ser dura. Mas não faz sentido que o sofrimento que pode ser amenizado, tratado ou curado permaneça quando há mecanismos sistematicamente verificados[23] e validados para reduzi-lo, ou seja, intervenções que sejam comprovadamente eficazes. Sabemos que a maioria pode se beneficiar com o cuidado colaborativo para problemas com ansiedade e depressão,[24] terapias com base nos princípios da terapia comportamental-cognitiva (TCC) para transtorno de ansiedade generalizada (TAG),[25] terapia musical para autismo,[26] terapia comportamental e TCC para o TOC em crianças e adolescentes,[27] intervenções para ajudar pessoas com transtorno bipolar a reconhecerem os primeiros sinais de recorrência,[28] e assim por diante. O importante é que se procurem tratamentos que sejam comprovadamente eficazes. Mais ainda, eles precisam ser experimentados por aquele que sofre – afinal, repito, nós somos únicos. O fato de ser eficaz não quer dizer que serve para todos. Significa que só é mais eficiente do que grupos que não se tratam de maneira nenhuma. Há várias opções válidas, e cada um escolhe aquela que ajuda a aliviar o sofrimento.

Antes de continuarmos, é importante fazer uma observação importante aqui. É verdade que, em muitos casos, há um excesso de medicação, como crianças que recebem sem necessidade remédio para transtorno de déficit de atenção com hiperatividade (TDAH).[29] E há também jovens que, mesmo sem esse diagnóstico, abusam de medicamentos que podem gerar dependência.[30] No entanto, há crianças e adultos que de fato sofrem de TDAH, e uma parte deles pode se beneficiar de ajuda medicamentosa, por exemplo.

Numa sociedade de extremos, é fácil ficar perdido no meio do tiroteio. De um lado, há aqueles que deveriam ser medicados e devidamente acompanhados, mas não são. De outro lado, há pessoas que usam medicações como muleta e não são devidamente acompanhadas, muitas vezes tendo acesso a remédios controlados por meio de profissionais irresponsáveis. O que os dois lados têm em comum são indivíduos que não controlam como se sentem. É preciso ter consciência de seus sentimentos para entender quando é necessário pedir ajuda, assim como não passar dos limites. **Quando controlamos o que sentimos, sabemos aquilo de que realmente precisamos.**

Nossa emoção tem razão

Diferentemente do que muitos defendem, nossas emoções não são "primitivas", tampouco "evoluídas" – dois termos equivocados. Hoje sabemos que nossas emoções têm um componente cognitivo, ou seja, participam da nossa razão, e vice-versa, pois nossa razão também participa de nossas emoções. Pense na dor. A dor é uma construção mental.[31] Por isso, muitas dores são ilusões e não são causadas por algo que acontece em nosso corpo – por exemplo, a dor de um membro fantasma (o membro que foi amputado) ou, no mesmo sentido, a dor por algo que ainda não aconteceu, como imaginar a morte dos pais. Em contrapartida, nossas dores podem ser amenizadas por nossos recursos cognitivos, como desviar a atenção de alguma região do corpo que seja a fonte da dor. Eu tive um gânglio que infeccionou e, então, se transformou num abcesso, que causou uma dor dilacerante. Mesmo sendo debilitante e quase me impossibilitando de caminhar, eu focava na respiração ou, até mesmo, assistia a filmes. Dessa forma, eu dividia minha atenção entre essas atividades e a agonia da infecção.

As emoções são resultado de uma orquestra cerebral, e não de uma atividade meramente límbica* como muitos ainda acreditam. Assim, ou reformulamos o significado do sistema límbico, ou o abandonamos.[32] Hoje sabemos que há participação das áreas frontais (ver o lobo frontal na figura a seguir) no processamento de emoções,[33] indicando a participação da famosa razão

* Termo popularmente utilizado para dizer que as emoções acontecem no sistema límbico, sem participação da região frontal, popularmente conhecida como a região da razão.

nas emoções e vice-versa.[34] Portanto, andam juntas e temos a possibilidade de melhor controle de nossos sentimentos.

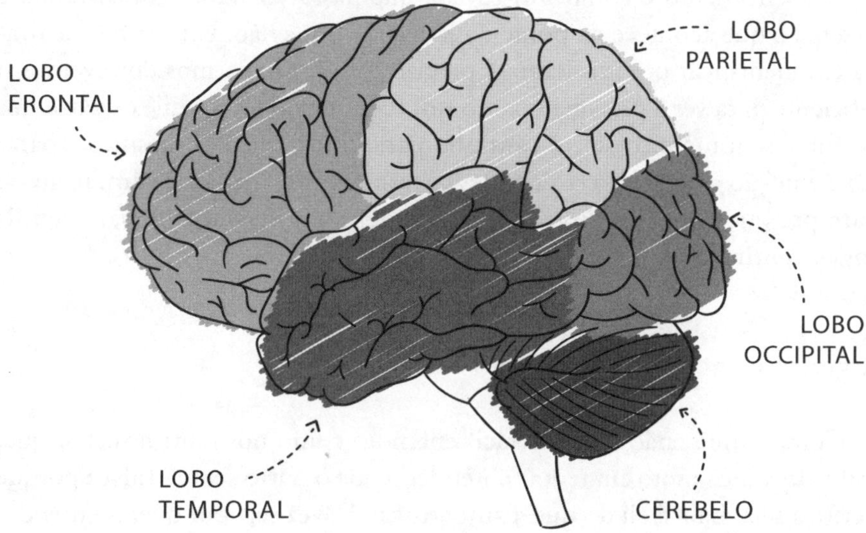

Fonte: Feitosa-Santana, C. (2020). *Criatividade e inovação com um olhar científico* (1. ed.) Produção independente.

Apesar de as regiões límbicas serem das mais antigas e importantes para o processamento emocional, elas também foram evoluindo junto com o cérebro inteiro. A identificação das partes mais primitivas e mais recentes do cérebro serve para entender a história da nossa evolução, mas precisamos de muita cautela quando estamos falando de suas funções, para evitar a propagação de conceitos ultrapassados como a teoria do cérebro trino, por exemplo.[35]

O distanciamento de emoção e razão – muito popular desde a época de Descartes – e a classificação das pessoas em emocionais ou racionais estão se provando um equívoco. Pense nisto: uma pessoa que responde muito rápido, por exemplo, é vista com frequência como alguém "emocional", "desprovido de um lado racional", alguém que "responde sem pensar". Mas um indivíduo mais lento e que pensa para falar pode parecer "irônico", "racional" e "frio", como quem não possui um lado emocional. Mas hoje sabemos que **não conseguimos separar emoção e razão.**[36] **Juntas, elas formam**

o sentimento que, portanto, é inseparável da emoção e da razão. Sem uma ou outra, é impossível ter a consciência de como nos sentimos.

Imagine que razão e emoção são como a ponte Rio-Niterói. Da mesma forma que esta liga duas cidades, há uma ligação entre o racional e o emocional. O sentimento é como um turista que passa voando, bem distante, e enxerga o que acontece na ponte da janela de um avião. Para termos acurácia em identificar o sentimento, é preciso nos distanciarmos dos eventos o suficiente para ver a paisagem como um todo, de tal forma que os extremos da ponte se juntem. Esse é o caminho para unir o que nós mesmos separamos: emoção e razão (o erro de Descartes); corpo e mente. Assim, torna-se claro por que podemos nos dar o direito de exigir mais tempo para definir nossos sentimentos.

A gente nunca sabe do outro

Como vimos, não é muito fácil entender como nos sentimos. Por que, então, focamos tanto em tentar entender o que o outro sente? Talvez porque a crítica seja mais fácil do que a autocrítica. Talvez seja por querer entender por que "fizeram" com que nos sintamos mal que estamos tão acostumados a escolher sentimentos que responsabilizam o outro. De todo modo, como já falamos, o melhor caminho é focarmos em nós mesmos.

Além disso, tentar ler o que o outro está sentindo tem grandes chances de levá-lo ao erro, mesmo que você conheça a pessoa muito bem (vamos ver mais disso no capítulo 3). Sempre que tentamos supor o que alguém sente, nosso cérebro está fazendo uma aposta baseada em situações que *nós* vivenciamos para tentar prever o que acontece com o *outro*. Essa previsão é baseada na *nossa* história. Por isso, fazer um curso para ler a mente de outras pessoas ou virar expert em ler o sentimento alheio é uma perda absurda de tempo. No entanto, há muita gente investindo[37] e até mesmo ganhando dinheiro com isso.[38] E pior: com a finalidade de promover o controle de uns sobre os outros quando o desafio é aprender a controlar nós mesmos.

Darwin já dizia que nossa imaginação enxerga nas outras pessoas emoções e sentimentos que muitas vezes não estão lá. Hoje, eu preciso usar óculos para ler um livro, porque tenho presbiopia, uma condição causada pelo envelhecimento, que dificulta minha visão para perto, assim como acontece com a maioria a partir dos 40 ou 50 anos. Mas uma pessoa míope precisa de lentes para enxergar o que está longe. Ou seja, imagina se eu julgasse o que o míope vê com base na minha experiência? De igual maneira, **não é possível enxergar emoções, pensamentos e sentimentos dos outros com as lentes que usamos para ler nossas próprias emoções, pensamentos e sentimentos.**

Parece sempre uma tentação focar em "entender" o outro[39] e deixar de lado a tarefa de nos compreender, pois a primeira ideia é sempre uma elucubração, e a segunda, o trabalho árduo do autoconhecimento. Mas você é o único responsável pelo que sente, entendimento no qual reside o controle da sua vida.

Sendo mais responsável comigo, posso ser mais honesto com os outros; e, quando cada um é responsável por si, a relação melhora. Por isso, diferentemente do que nos ensina o Pequeno Príncipe, **não se trata de ser responsável por aquilo que cativas, mas, antes, por aquilo que sentes.**

Conheça a si mesmo

1. Você não é alguma coisa, você *está* alguma coisa. E pode mudar como *está* se sentindo.
2. Isso porque seus sentimentos são construídos por você e, portanto, você pode lidar com eles de maneira diferente.
3. Você nunca sente o mesmo que outra pessoa nem da mesma maneira que já sentiu no passado ou sentirá no futuro. Cada sentimento é único.
4. Seus sentimentos são apostas que seu cérebro realiza com base nas suas experiências. Portanto, sempre que tiver uma experiência satisfatória, como não mais sofrer ou se irritar com determinada pessoa, repita várias vezes até que isso vire um comportamento automático.
5. Você, e não os outros, é responsável pela maneira como se sente. Você não pode controlar o que fazem com você, mas pode escolher o que fazer com isso.

6. É difícil ter acurácia de seus sentimentos. Mas, se você conseguir nomear de maneira específica como se sente, terá a chance de obter mais controle sobre si mesmo. Para isso, expanda seu vocabulário – inclusive de línguas estrangeiras. No fim deste livro, há um "Novo dicionário de sentimentos" com várias palavras para ajudar você.
7. Você precisa aprender a se conectar com o seu corpo e ler qualquer coisa que esteja acontecendo com ele.
8. Você também precisa prestar atenção aos sinais de que há algo errado com você e pedir ajuda. E, da mesma forma que você procura um gastroenterologista quando está com dor no estômago, procure ajuda de um profissional capacitado quando se sentir ansioso, deprimido ou com algum mal-estar psíquico. Quando você presta atenção em como se sente, tem mais chances de descobrir o que você precisa.
9. Nunca vamos saber o que outra pessoa pensa ou sente. Por isso, não gaste seu tempo tentando ler os outros com as lentes através das quais você lê a sua própria história. O melhor caminho é tentar entender a si mesmo.

2

No meio do caminho havia um outro

Na obra multimídia *Once Upon a Time* [Era uma vez], do artista Steve McQueen, 116 imagens digitalizadas do arquivo de Carl Sagan desfilam diante de nossos olhos. Elas foram lançadas ao espaço, alcançando as estrelas por meio das espaçonaves Voyage 1 e 2, em 1977.[1] Nessa viagem, não havia nenhum tripulante nem destino. Provavelmente, elas jamais retornarão ao nosso planeta. Se tudo correr bem, daqui a trezentos mil anos, aproximadamente, elas passarão ao largo da estrela Sirius. E para quê? Para serem encontradas por seres extraterrestres e para que contem a eles um pouco sobre a vida na Terra. Uma vida para além de pobreza, doenças e guerras. Agora, pense sobre a sua vida. Qual lembrança você enviaria ao espaço?

Muito provavelmente você escolheu um momento em que estava com alguém. Talvez um dia feliz com os amigos, em que algo extraordinário aconteceu. Talvez o vídeo do nascimento do seu filho ou da sua filha. Ou até mesmo algum evento histórico impressionante, como famílias se reencontrando depois de uma guerra. E muito provavelmente outros leitores escolheriam momentos parecidos, que incluem pessoas. Por quê?

Porque **somos seres sociais. Por isso, é extremamente importante para nós viver em grupo.**[2] Nunca vou me esquecer de um dia em que vim de Chicago para São Paulo visitar minha família. Eu estava dando banho no meu sobrinho Iago, que, na época, tinha uns 3 anos de idade. De repente, ele exclamou: "Titia, agora você veio para ficar aqui, né?". Sua pergunta partiu meu coração, porque tive que dizer a verdade. Para a criança, assim como para nós, separações são difíceis. Ainda bem que já vivíamos em tempos de

Skype e nos víamos quase todos os dias. É por isso que o isolamento social, como a solitária, por exemplo, é um castigo terrível.[3] E também por isso sofremos tanto com a pandemia.

No filme *Náufrago*, o personagem interpretado por Tom Hanks fica cinco anos numa ilha deserta. Afetado pela solidão, que passa a ser enlouquecedora, ele seleciona uma bola dos escombros do acidente de avião ao qual sobreviveu. Nela, desenha um rosto, com o qual passa a conversar. Não nos lembramos do nome de seu personagem, Chuck, mas quem viu o filme e não se lembra de Wilson? Afinal, ele fez companhia para o homem durante sua estada na ilha. Esse gesto, que pode parecer cômico, mostra como, para sobreviver, é preciso ter um outro (ainda que imaginado) com quem possamos conviver.

Entre mim e outro

O fato de escolhermos eventos em que estamos com outras pessoas indica que elas estão em nossos momentos de maior felicidade. Por outro lado, elas também são o estímulo de nossas maiores tristezas. A explicação reside na evolução.* Atualmente, estamos estacionados no meio de uma transição, da seleção por parentesco para a seleção por grupo.[4] Se a completarmos, viveremos totalmente em função do que é melhor para a sociedade. Ou seja, nós ainda somos uma espécie de seleção por parentesco, o que pode ser verificado em nossas atitudes egoístas, mas já temos uma sociedade recheada de comportamentos característicos de seleção por grupo, visto em nossas atitudes altruístas.[5] Apesar de essas seleções serem dois conceitos diferentes, fazem parte de apenas um processo[6] e, como podemos perceber em nós mesmos, somos um misto de egoísmo e altruísmo em relação àqueles que nos rodeiam.[7]

Toda vez que um indivíduo colabora com outro, ele está sendo, de alguma forma, altruísta.[8] Minha avó paterna amamentou meu tio materno, uma vez que minha avó materna estava muito doente. E isso aconteceu quando meus pais ainda eram crianças. Assim, minha avó paterna estava sendo altruísta e se comportando dentro da hipótese da seleção por grupo

* Toda vez que uso a palavra evolução, estou me referindo à ciência que estuda o processo por meio do qual, ao longo do tempo, ocorrem as transformações nas espécies. Portanto, utilizo no sentido de evolução das espécies, mas não como sinônimo de desenvolvimento.

ao colaborar com uma amiga, membro da sua comunidade.* Esse mesmo tipo de comportamento é bastante presente em muitos outros mamíferos – por exemplo, os elefantes.

Levará milhões de anos para completarmos essa transição. Até que esse dia chegue – *se* ele de fato chegar –, é preciso que tenhamos a consciência de que nossa vida sempre exigirá que nos relacionemos com outras pessoas. Enquanto ainda somos uma espécie de seleção por parentesco, nosso bem-estar é fundamental, e sem ele não temos condições de conviver bem com os demais.

Temos os pais como ilustração. Aqueles que se cuidam têm muito mais condições de cuidar melhor de seus filhos. Em contrapartida, os que se consideram mártires e acham que todos os seus recursos devem ser voltados para os filhos em detrimento de sua própria saúde não percebem que o seu próprio bem-estar é alimento crucial para o de seus filhos. Pais deprimidos e sem tratamento não têm consciência do quão prejudiciais podem ser para a saúde das crianças, por exemplo.

É importante entender que cuidar do nosso bem-estar individual não significa ser egoísta. Inclusive, veremos mais adiante que **o nosso bem-estar não significa necessariamente o mal-estar do outro**. Mas se você, por exemplo, se cuidar, perceberá que terá maior capacidade de colaborar com aqueles que estão ao seu redor. É como nos ensina o comissário de bordo: em caso de emergência, você precisa colocar primeiro a máscara em si mesmo para depois ajudar os demais. A vida é como uma viagem de avião. Para ajudar as pessoas e conviver com elas, cuide de você primeiro. **Preservar seu bem-estar é necessário para que você possa estar bem com os outros.**

A equação das relações

Para entender o que acontece na nossa mente maravilhosa, a neurociência conversa com outras ciências. Uma delas é a evolução. Isso porque, para compreender nossa humanidade, precisamos compreender como chegamos até aqui.

---

* Hoje, por conta do vírus HIV e outros riscos, não se recomenda amamentação cruzada. Porém, essa história é de muitas décadas atrás. Cf. Boechat, N. (n.d.). *Os perigos da amamentação cruzada*. IFF | Instituto Nacional de Saúde da Mulher, da Criança e do Adolescente. Recuperado em 31 de agosto de 2023, de http://157.86.6.63/index.php/component/content/article/8-noticias/322-amamentacaocruzada.

Vimos que somos sociais. E essa sociabilidade não nos diferencia dos outros animais, uma vez que a maioria dos primatas, como os chimpanzés, além de outros animais como elefantes e golfinhos, também possui essa característica. Isso significa que **nascemos prontos para vivermos juntos**, o que tem uma implicação gigantesca em nossas vidas. É preciso entender como nossos ancestrais cooperavam entre si e passavam seus genes para as próximas gerações até você estar aqui, agora, lendo este livro, e como outros não tiveram a mesma sorte.

Em 1964, o biólogo William Donald Hamilton propôs uma equação para explicar como as pessoas decidem, ainda que inconscientemente, com quem elas vão cooperar.[9] A famosa Regra de Hamilton diz o seguinte:

$$pB > C$$

Nessa equação, p é o parentesco; B, o benefício em cooperar; e C, o custo de cooperar. Portanto, o parentesco multiplicado pelo benefício tem que ser maior que o custo para que haja cooperação.[10]

Imagine duas pessoas que pedem sua ajuda. O pedido é o mesmo e, portanto, o custo de cooperar é igual – vamos supor que seja 2. Porém a primeira é mais próxima de você – seu irmão ou sua irmã – e, portanto, o valor de p é 0,5. A segunda é mais distante – seu primo ou sua prima –, então o valor de p é 0,125. Como vimos na equação, o benefício, ou seja, B, nesse exemplo, deve ser maior que o custo dividido pelo parentesco para se optar pela cooperação. Assim, o B para irmãos deverá ser > 4, pois 2 ÷ 0,5 = 4, enquanto o B para primos deverá ser > 16, pois 2 ÷ 0,125 = 16. Portanto, o benefício de cooperar com um primo precisa ser, no mínimo, quatro vezes maior, o que dificilmente ocorre. Conclusão: você preferirá ajudar seu irmão ou sua irmã do que um dos seus primos.

Dessa vez, vamos supor que você é pai ou mãe e está saindo de casa para uma reunião de trabalho. Sua filha está com uma febre altíssima e não há ninguém que possa cuidar dela. Nessa situação, cancelar a reunião de trabalho tem um custo elevado. Mas, se você tem que cancelar a reunião para socorrer a filha da vizinha, ainda que o custo do cancelamento seja o mesmo, o benefício de cuidar da criança de outra pessoa é muito mais baixo. Nesse caso, quais são as chances de você cancelar a reunião em relação à situação anterior? Bem menores: você cancelaria um compromisso de trabalho pela sua filha, mas provavelmente não o faria pela filha de outra pessoa.

A Regra de Hamilton nos ajuda a entender esse tipo de escolha.[11] Mais ainda: ela elucida como os nossos ancestrais cooperavam para sobreviver, procriar e cuidar de suas crias. Além disso, ela também é eficiente para pensarmos nossas relações atuais e a maneira como vivemos em sociedade.[12]

Há milhares de anos as pessoas cooperam com aqueles com os quais não compartilham nenhum parentesco. Como é possível? Basta trocar a ideia de parentesco pela de proximidade. Logo, é possível que um amigo, ou até um desconhecido, tenha um valor de *p* maior do que um familiar distante. Ainda assim, **nunca estamos dispostos a cooperar com qualquer um.** E isso se dá por causa da proximidade.

Por exemplo, pense em pais e filhos adotivos. A relação de amor entre eles não pode ser explicada pelo parentesco, mas, sim, pela proximidade. Pense num filho que foi separado dos seus pais biológicos e criado com muito amor por uma família adotiva. Quando ele conhece seus pais biológicos, pode não se reconhecer neles. Como não houve convivência ao longo dos anos e, por isso, nenhuma conexão, eles não desenvolveram a proximidade. A convivência gera a proximidade, que, por sua vez, fortalece a convivência.

Se você tem irmãos e está brigado com um deles, você não coopera com ele? Mesmo que indiretamente? É bem capaz que sim. Eu tenho irmãs e, mesmo quando brigo com uma delas, acabo cooperando de alguma forma, ainda que o faça melhor quando estamos bem. Veja, então, que até em relações familiares a proximidade é muito importante para que haja mais cooperação, pois o laço feito entre alto parentesco e alta proximidade afetiva é um dos mais poderosos que existem.

Outro nome para falar da proximidade é amor. Aliás, o amor também é um produto da evolução, porque, sem ele, a criação dos filhos seria muito mais difícil, colocando a sobrevivência em risco. E, de novo, o que conta é a proximidade.[13] Quanto mais amor, maior o valor de *p* e, portanto, maior a cooperação, mesmo com custo alto e benefício baixo.

Com essa equação, conseguimos entender matematicamente como escolhemos com quem cooperamos, ainda que de maneira inconsciente. Analise suas relações atuais e note que muitas delas são frutos de uma proximidade física, mas não afetiva. Em geral, nesses casos, a cooperação vem com um gosto amargo, por exemplo, quando você precisa continuar colaborando com um chefe para não ser demitido ou convivendo por obrigação com um familiar de quem não gosta. Isso porque o benefício é, na verdade, o não prejuízo. Refletir[14] sobre essa regra e identificar as relações em que há essa amargura pode ser libertador, além de ajudar a planejar o futuro.

A inútil nostalgia

Muitas vezes, quando estamos envolvidos em cooperações amargas, achamos que o mundo está piorando e, por consequência, sentimos uma saudade de um passado idealizado, que não foi o vivido, mas que acreditamos ser melhor que o presente. Essa nostalgia não é baseada na verdade, pois em raros momentos o passado foi melhor que o presente. Por mais que o mundo não esteja fácil hoje, somos menos pobres,[15] menos doentes,[16] mais educados[17] (e a lista continua) do que antes.[18]

Em todos os cantos do planeta, aprendemos bastante coisa, o que melhorou muito a nossa vida. **Somos coletivamente mais inteligentes do que nunca**, resultado de vários aspectos, entre eles, melhora nutricional,[19] educação formal[20] e menos mortes por doenças infecciosas.[21] Assim, somos hoje o resultado do efeito Flynn, uma curva que mostra a elevação do QI de nossa espécie ao longo do tempo, uma média de 3 pontos a mais por década. Parece pouco, mas não é! Isso significa que, se aleatoriamente sortearmos um rapaz de cem anos atrás e compararmos o seu QI com o de um rapaz de hoje, ele será 98% menos inteligente que o nosso contemporâneo.[22] E esse ganho[23] está no pensamento abstrato, em analogias e matrizes visuais. No entanto, o apego à nostalgia gera uma repulsa a esse fato, talvez porque ainda estejamos muito longe da perfeição. Mas, ao analisar a violência ao longo de nossa história, verificamos que **nosso raciocínio coletivo atual preza muito mais por atitudes pacíficas e menos violentas.**[24] Hoje, se você sentir muita raiva de outra pessoa nas redes sociais, pode ativar o modo invisível ou, até mesmo, bloquear. Já na Idade Média, o que você faria? Ao que tudo indica, naquela época, matar por mera irritação era mais comum. Numa taberna, você poderia esfaquear ou envenenar aqueles de quem desgostasse.

E fica a pergunta: nascemos com potencial para sermos violentos? Essa é ainda uma questão controversa. Independentemente de sua resposta, a forma como nos organizamos parece ser muito mais importante.[25] Estamos num processo cultural que busca, cada vez mais, anular a cultura da honra e da justiça pelas próprias mãos – o que foi lugar-comum por centenas de anos, mas, hoje, se aproxima mais de uma exceção. Evidências mostram que guerras passaram a ser eventos pontuais.[26] Assim, quanto mais uma sociedade recusa preconceitos, mais ela se organiza de maneira inclusiva, um desenvolvimento que reduz a violência de todos os tipos, incluindo violência doméstica, linchamentos, repressão, escravidão, guerras civis, genocídios, terrorismo etc.[27]

Em média, vivemos muito mais agora. Os avanços científicos para nossa saúde aumentaram – e muito – nossa expectativa de vida. Dobramos a expectativa de vida média mundial em apenas um século, chegando a 70 anos, ainda que de maneira desigual: no Japão, a média é 85 anos, mas, na República Centro-Africana, ela é de apenas 53 anos – sendo que esta, a menor expectativa de vida do mundo, ainda é maior que a do país com a maior média do século XIX.[28]

Eu sou mulher e não queria ter nascido em nenhum outro passado.[29] Mesmo ainda sentindo na pele efeitos de muito machismo, seja explícito ou implícito, ainda assim a minha vida seria muito pior antes. Lembro-me de ser professora visitante na Universidade de Florença e jantar sozinha na maioria das noites de minha estada, hábito que seria praticamente impossível em quase todos os lugares do planeta durante a maior parte da nossa história.[30]

No compasso da cooperação

Cooperação é, certamente, uma das palavras que definem nossa humanidade. E uma excelente maneira de mostrar isso é por meio da música. Teorias para explicar a origem da música residem no benefício que ela trouxe para nossa comunicação[31] e até mesmo para nossa sobrevivência.[32] A música tem uma característica peculiar e poderosa: une as pessoas em grupos de todos os tamanhos. Quando um grupo se reúne por causa da música, seus membros entram num mesmo ritmo, tornando-se mais sincronizados e, portanto, mais aptos a colaborar entre si.

A música influencia nossas emoções, e são inúmeros os momentos importantes em que ela aparece: cerimônias, filmes, fábricas, empresas, lojas, campanhas políticas, propagandas etc. A música tem o poder de instalar coesão numa multidão.

Quais povos do mundo não têm música? Nenhum. Em outras palavras, a música é universal[33] para nossa espécie – e para outras também.[34] Sempre esteve entre nós, sendo um dos nossos primeiros elementos culturais.

Já percebeu que numa conversa harmoniosa, de diversas formas, você entra em sincronia com uma pessoa? Essa sincronia é fisiológica e, em geral, o seu tom de voz vai sintonizando com o tom do outro, assim como a velocidade da fala, a respiração, os batimentos cardíacos etc., sem que você perceba. Essa sincronia corporal facilita a sincronia mental.[35] Assim, ficamos menos surpresos com as reações do outro, ou seja, temos menos desarmonia.[36] E, quanto maior o grupo numa conversa, mais difícil é estabelecer essa sintonia. Por isso, a música pode ajudar. No entanto, é bom lembrar que muitos usam essa informação para nos manipular, desde lojas e shopping centers (para nos fazer gastar mais tempo e mais dinheiro), empresas e fábricas (para que as pessoas produzam mais), até ditadores (para aproximarem seus seguidores dos seus interesses).

Lógico que temos a capacidade cognitiva de nos entendermos[37] sem sincronia. Mas, compreendendo o papel facilitador da música, vemos o tamanho da dificuldade sem essa arte. Imagine, por exemplo, uma festa com muitas pessoas e nenhuma música, ou a dificuldade de entendimento entre indivíduos de culturas diferentes.

O segredo do nosso sucesso[38]

A nossa cultura é a grande responsável pelo nosso sucesso, porque é ela que organiza os valores de proximidade e, consequentemente, as regras de cooperação. Ela é a cola que nos conecta uns aos outros. Mas ela também pode nos separar.

A criação da identidade traz junto a não identidade, ou seja, a diferença. Quanto mais abrangente o grupo, menor o espaço para a não identidade. O maior exemplo é o conceito de multidão. Se, por um lado, podemos nos unir num show de música, por outro, podemos caminhar para a violência. Quando uma multidão entra em sincronia, ela dissolve as individualidades, e as pessoas passam a se sentir parte de um todo. É como se fosse criada uma mente coletiva. Essa mente pode clamar pela igualdade – como o movimento *Black Lives Matter* (vidas negras importam) – ou pela desigualdade – como o *White Lives Matter* (vidas brancas importam).

É claro, contudo, que não vivemos integralmente em função da comunidade. Em razão disso, é preciso tomar cuidado com alguns mitos, como o amor incondicional dos pais. O amor da mãe e do pai também é uma espécie de amor-próprio, visto que 50% dos seus genes são expressos nas crias. Quanto mais se veem nos filhos, mais fácil é a convivência; logo, a proximidade e, enfim, o amor.[39]

A proximidade é tão fundamental que facilita os relacionamentos, seja entre parentes, colegas de trabalho ou pessoas da mesma cultura. Com ela, conseguimos estabelecer novas conexões e colaborações. Se estivermos em harmonia, fortalecemos nossa saúde.[40] Mas é preciso tomar cuidado, porque o que nos une também é o que pode nos separar.

O poder da diversidade

Nos fortalecemos quando vivemos em grupos mais diversos. Quanto maior uma comunidade, maiores as chances de diversidade e, consequentemente, maior a produção de conhecimento. Por sua vez, o conhecimento torna-se cada vez mais especializado e partilham-se mais aprendizados. Grupos pequenos não terão membros suficientes para a propagação de conhecimento especializado com excelência, além de correrem o risco de que ele venha a desaparecer com a morte de seus mestres.[41]

Um caso famoso é o da Tasmânia, uma ilha da Austrália que, durante a Era Glacial, era uma península. Após o degelo, a Tasmânia foi separada do resto pela formação do Estreito de Bass, consequência do aumento do nível do mar. Antes, a população local costumava circular entre a ilha e o continente, mas, depois, foi isolada por cerca de quinhentas gerações. Hoje sabemos que os aborígenes viveram exclusivamente com seus conhecimentos por todo esse tempo, sem nenhuma possibilidade de aprender algo novo com os nativos do continente.[42]

É importante notar que muitas populações foram colonizadas e tiveram suas culturas desrespeitadas ao longo da história. Portanto, nem sempre ter contato com o outro é positivo. O que quero ressaltar é que, por muito tempo, os aborígenes da Tasmânia nem sequer se comunicaram com seus parentes do continente. Da mesma forma, no seio da nossa sociedade, precisamos cultivar a diversidade entre os membros para que todos possamos nos beneficiar do aprendizado especializado de nossos semelhantes.

Se não há acesso à diversidade, há uma redução do conhecimento. Por quê? As reproduções, em geral, são medíocres, ou seja, medianas. E, para que o conhecimento não se perca ao longo das gerações, é preciso que ele seja aprendido em sua integralidade e, eventualmente, implementado. Se uma população é muito reduzida, como a dos aborígenes isolados na Tasmânia, mesmo que houvesse alguns com conhecimento especializado, seriam necessários muitos alunos para que pelo menos um fosse capaz de reproduzir com eficiência ou aprimorar a técnica dos mestres.[43]

É por isso que algumas pessoas preferem viver em centros urbanos – ao menos até a escrita deste livro. Neles, até mesmo a produção científica é maior. No entanto, esses locais passam a não ser tão atrativos quando são grandes ou aglomerados demais, pois vêm acompanhados de outras desvantagens.[44] Vemos, então, que a **cooperação com diversidade colabora para o florescimento e fortalecimento da sociedade.**

A cultura influencia a evolução

A cultura cria mecanismos que organizam e favorecem nossa cooperação, a qual, por sua vez, alimenta a cultura, numa espiral em direção ao sucesso. Já dizia Darwin que a cultura possui a capacidade, inclusive, de direcionar a evolução. Ou seja, ela determina quais os genes a serem selecionados e descartados, ainda que isso demore milhares de anos. Existe a hipótese de que possamos estar no caminho para reduzir nossos genes violentos, pois, como nossa cultura preza pela redução da violência, ela pode vir a afetar nosso código genético.[45]

Dessa forma, **a cultura pode fazer uma pressão para que determinados genes sejam selecionados pela evolução.** Os homens mais violentos acabam morrendo mais cedo, antes de terem filhos ou de garantirem a vida de sua prole até que ela também chegue à maturidade sexual. De uma forma ou de outra, seus genes não são passados para as próximas gerações. Os homens mais pacíficos garantem sua sobrevivência e têm mais tempo de vida para se reproduzir e para cuidar de sua prole até a maturidade sexual, e assim por diante.

Mais que isso, nossos idosos são muito valiosos – tanto para os humanos quanto para outros animais sociais. É por intermédio da convivência que pais, tios, avós e outros adultos ensinam às crianças conhecimentos e comportamentos específicos de sua época, adquiridos em vida.[46] Por isso, quanto mais os adultos vivem, maior é a experiência que podem transmitir às crianças, preparando-as ainda mais para o mundo.

Podemos verificar a importância da velhice na história de uma seca devastadora de 1993, na Tanzânia, no continente africano, que matou cerca de quarenta elefantes jovens de um total de duzentos da região. Esses elefantes faziam parte de três clãs locais. Apenas dois clãs deixaram o parque onde se encontravam rumo a uma região alagada, enquanto o terceiro saiu mais tarde. Os elefantes jovens do terceiro clã faleceram, porque não chegaram a tempo. Os clãs são sempre guiados pelos mais velhos, mas o membro mais idoso desse grupo havia nascido em 1960, quando houve outra seca como a de 1993. Ele não tinha como se lembrar da seca anterior, pois era filhote e, portanto, não pôde guiar os demais. Já nos outros dois clãs, havia membros que se lembravam do incidente a ponto de saberem como agir para proteger os elefantes mais jovens.[47]

Nesse mesmo sentido, vivenciamos essa diferença no enfrentamento da pandemia causada pelo novo coronavírus. Com exceção do Canadá, os países que enfrentaram a SARS (Síndrome Respiratória Aguda Grave, na sigla em inglês) entre 2002 e 2004 eram orientais – em particular, China, Hong Kong e Taiwan. Por conta disso, se prepararam contra o novo coronavírus desde os primeiros alarmes.[48] Mesmo dentro da China, as cidades que tinham relações mais estreitas com a SARS ou com migração de pessoas de Wuhan, onde a pandemia se iniciou em 2019, reagiram, em média, dezenove dias antes das outras cidades, mostrando, mais uma vez, a importância do aprendizado adquirido com vivências passadas.[49]

A união faz a força

Então, como colaborar melhor com as pessoas de forma que seja melhor para você e também para os outros? Mais do que uma simples ferramenta, a Regra de Hamilton ilustra bem o paradoxo no qual vivemos: **viver com os outros nos beneficia, mas também tem um preço. E cada um precisa, a partir de suas relações, aprender a minimizar o custo e maximizar o benefício.**

Em qualquer relacionamento, estaremos presos nessa equação. Como você necessariamente se envolverá com pessoas diferentes, ainda que não perceba, estará decidindo cooperar ou não de acordo com a Regra de Hamilton – desde a hora em que levanta até quando vai dormir. E mais: com frequência, o melhor para mim não é o melhor para a sociedade, ou o melhor para a sociedade não é o melhor para mim.

Se completarmos a transição evolutiva da seleção por parentesco para grupo, nossa individualidade abrirá espaço para um superorganismo[50] – que pode estar mais próximo de sociedades utópicas, horizontais e verdadeiramente democráticas, ou distópicas, verticais e extremamente autoritárias. Mas essa transição durará milhões de anos – ou talvez nunca seja concluída. Assim, é preciso continuar construindo uma cultura mais altruísta do que egoísta, que preza por uma sociedade mais justa e unida.[51] Pois **viver é conviver.**

Conheça a si mesmo

1. Você é um ser social. Como todo ser humano, é extremamente importante que viva com outros.
2. Isso significa cultivar o seu bem-estar. Só quem está bem consigo mesmo consegue viver bem com os outros.
3. Todo ser humano nasceu para viver com seus semelhantes. A cooperação define a sua humanidade.
4. Mais do que a evolução, a nossa cultura é responsável pelo nosso sucesso, porque ela organiza os valores de proximidade e as regras de cooperação. Além disso, ela cria uma pressão nos genes e pode influenciar a evolução.
5. Assim como todos os humanos, você vive entre sua individualidade e a coletividade: por um lado, precisa dos outros para se beneficiar; por outro, a convivência tem um preço. Você precisa se familiarizar com a Regra de Hamilton para aprender, nas suas relações, a minimizar os custos e maximizar os benefícios.

3

Eu no mundo: entre a ilusão e a solidão

Se você quer uma vida melhor, primeiro precisa entender como percebe o mundo. Isso porque a diferença entre os indivíduos começa na maneira como cada um percebe seus arredores – o que interfere em nossos relacionamentos.

Uma vez, uma amiga me disse que eu não ouvia direito, porque não apreciava o que ela considera boa música. No entanto, precisamos aprender a respeitar o gosto alheio. Por exemplo, eu não gosto de funk, pois as letras me incomodam, e sinto dores de cabeça quando ouço heavy metal. Mas o fato de eu não gostar desses gêneros não significa que o gosto das outras pessoas é melhor ou pior que o meu.

Creio que podemos concordar que, em geral, os relacionamentos não se deterioram do nada, mas, sim, pouco a pouco, em virtude da soma de pequenas diferenças. Por isso, precisamos ter consciência de como nossa mente funciona, e se é possível ou não compartilhar nossas percepções. Quando dividimos as mesmas impressões, temos consenso. Quando não, nos sentimos sozinhos. Então, se você entender melhor como a mente funciona, pode criar consensos ou aceitar diferenças, o que é fundamental para ter relações de qualidade.

Nossos sentidos limitam nossa realidade

Pense e reflita: será que os seus sentidos dão conta de interpretar a realidade? A resposta é não.[1] Todos nós, sem exceção, temos sentidos limitados.

A nossa mente funciona como uma Matrix. No filme clássico, a Matrix é uma realidade paralela, que se opõe ao mundo real, criada na mente dos humanos, e diz respeito a tudo o que acontece dentro desse software. Tal como o personagem Neo, isso faz a gente se perguntar: *Peraí, então o mundo é uma ilusão?* Antes de tomar a pílula vermelha, você precisa entender o que é uma ilusão.

A ilusão é o engano dos sentidos, que troca a aparência real por uma falsa. Ou seja, é um fenômeno que se dá na nossa mente. **Se nossos sentidos são limitados, é óbvio que eles jamais apreenderão a realidade por inteiro.** É como se o mundo fosse um prisma de infinitos lados, e só conseguimos enxergar algumas de suas faces durante a vida. Nesse sentido, o mundo que percebemos é sempre uma ilusão. Assim como em *Matrix*, não se engane: ainda que nossos sentidos não deem conta da realidade, ela existe e, por isso, criamos instrumentos para que possamos acessá-la.

É fato que não podemos ver, ouvir, tocar e cheirar tudo. Vou dar um exemplo bem simples: já percebeu que você não ouve o som dos alimentos sendo digeridos pelo seu estômago? A frequência sonora dos movimentos peristálticos é mais baixa do que nossa audição pode processar e, por isso, não escutamos nossa digestão. E, se escutamos, é porque provavelmente alguma coisa está errada. Seu estômago produz um som diferente para sinalizar que você precisa comer, por exemplo.

Para que você não tenha dúvida de como somos limitados,[2] vamos explorar a visão, o sentido predominante da nossa espécie. Se você enxerga, mesmo que tenha uma visão excelente, não é capaz de processar vários detalhes quando eles estão muito longe, como se o olhar não conseguisse dar um zoom maior. Trata-se de uma limitação.

Se você pesquisar uma imagem do espectro eletromagnético, verá as diferentes frequências de radiação que correspondem a diversos comprimentos de onda. O espectro se estende desde menores comprimentos com maior frequência e energia, como dos raios gama, passando pelo ultravioleta e infravermelho, entre outros, até os maiores, com menor frequência e energia, como as ondas de rádio. Cada uma tem sua utilidade: nós usamos infravermelho para aquecer, ultravioleta para tratar a icterícia, e por aí vai. Embora tenhamos aprendido a fazer uso dessas radiações, não somos capazes de perceber a maior parte a olho nu.[3]

Dentro desse espectro, só conseguimos enxergar uma faixa bem estreita, que se chama luz, aproximadamente entre quatrocentos e setecentos nanômetros, entre o ultravioleta e o infravermelho, respectivamente. Nomeamos assim porque coincidem com as extremidades de nosso arco-íris, violeta e vermelho. Uma vez absorvida na retina,[4] a luz dá origem a três processos distintos.

O primeiro é o da visão, que possibilita nossa percepção visual do mundo. O segundo é o dos reflexos, que nos possibilitam, por exemplo, desviar a cabeça de algum objeto que venha em nossa direção. No terceiro, a informação não está na luz em si, mas na hora em que ela se faz presente ou ausente. Esse processo é responsável por organizar nossos ritmos biológicos.[5] Você já deve ter ouvido falar na melanopsina, responsável pelo início desse processo e que nos ajuda a entender nosso cronotipo, ou seja, o período do dia ou da noite em que temos tendência a ser mais ativos.[6] Esses dois últimos processos, embora igualmente importantes, são inconscientes e distintos da percepção visual, tanto que muitas pessoas com deficiência visual os possuem.[7]

Voltando à visão, ela nos fornece uma vida cheia de cores. No entanto, poderia ter muito menos ou muito mais. O mundo dos pássaros é bem mais colorido que o nosso,[8] enquanto o dos morcegos é menos. Contudo, os morcegos têm sensores infravermelhos, importantes para a vida noturna.[9] Ao contrário do que muitos pensam, cães[10] e gatos,[11] assim como pessoas daltônicas, não veem o mundo em tons de cinza, pelo contrário. Eles veem o mundo colorido e, embora com menos cores que nós, muito mais colorido do que se pensava até pouco tempo.[12]

Quando comparamos a capacidade dos nossos sentidos com a de outros animais, fica claro que cada espécie tem a sua realidade. Lembra-se de que falei que o mundo é como um prisma? É como se cada espécie o visse em coloração e ângulo diferentes. São realidades radicalmente diversas. Esse aprendizado é um dos primeiros para que tenhamos consciência de que **os seres humanos percebem só um pouquinho do mundo**. Por isso, temos que ser menos arrogantes e mais humildes como espécie (e indivíduos também).

Como nossos sentidos não captam tudo, e não conseguem processar tudo que é captado, ocorre uma convergência de informações[13] em que se perdem muitos detalhes. Isso acontece para tudo: visão, audição, memória – e para emoções também. Por isso, não é tão fácil entender e interpretar corretamente o que sentimos. Quando recebemos a informação da emoção, que está atrelada à conexão com o mundo, ela já foi simplificada, como uma foto de alta resolução que é compactada numa mensagem de WhatsApp. Por isso é tão fácil se sentir meio confuso, sem saber exatamente o que sente. Aqui entra também o papel da atenção: quanto mais atenção, maiores as chances de captar detalhes.

Vemos diferenças onde elas não existem

Veja a figura a seguir. À esquerda, há um círculo central com círculos maiores ao redor. Na segunda, há um círculo central com círculos menores ao redor.

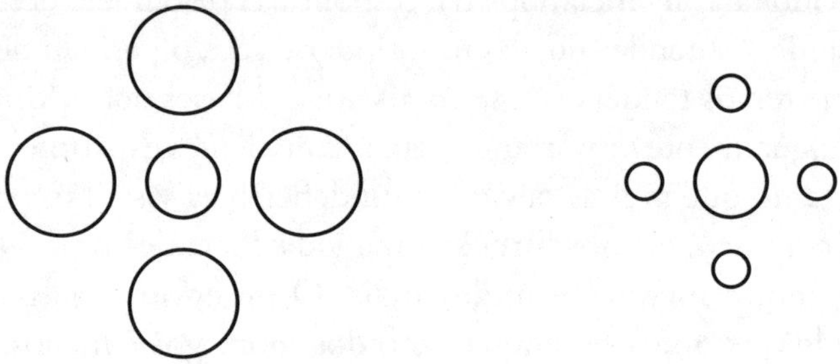

Quando olhamos para a imagem, parece que os círculos centrais são de tamanhos diferentes. Agora, se deixarmos apenas os círculos centrais, o que você vê?

Eles são do mesmo tamanho! O mais importante é o que acontece quando você volta para a imagem original. Como você enxerga os círculos centrais?

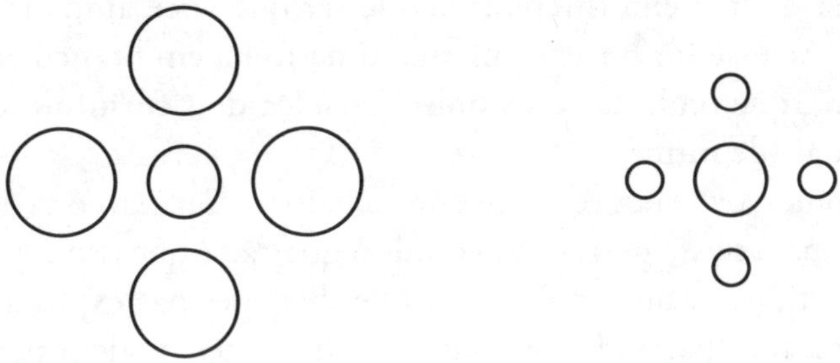

Mesmo sabendo que os círculos centrais são iguais, não conseguimos interpretar a realidade como ela é, e voltamos a ver dois círculos diferentes. Isso porque percebemos diferenças onde elas não existem. E, pior, isso é algo bastante comum.

Nossos sentidos são enganados pelo contexto e nos fazem perceber diferenças entre objetos que, na verdade, são idênticos. Observe a próxima imagem. Qual é a cor dos círculos abaixo?

Provavelmente você está vendo, à esquerda, um círculo cinza mais claro e, à direita, um mais escuro, certo? Bem, você já sabe o que eu vou dizer: os círculos são da mesma cor. Porém, se estiverem num fundo mais escuro ou mais claro, nossa percepção deles muda. O mecanismo neural que explica essa ilusão é a inibição lateral, que, aqui, é responsável por aumentar o contraste: o círculo, assim, fica mais claro do que realmente é quando tem um fundo mais escuro e vice-versa. Assim, nossa percepção é modulada de maneira diferente. Pode ser que você ainda não acredite em mim... Se esse for o caso, coloque uma folha em branco em cima da imagem, marque onde estão as bolinhas, faça dois furinhos, e você não duvidará mais de mim.

Bem, como você já deve ter se convencido, o contexto é extremamente importante para nossa percepção visual. A questão é que isso é verdade para todos os sentidos, o que explica por que duas pessoas expostas à mesma temperatura, mas partindo de contextos diferentes, podem percebê-la de maneira distinta, por exemplo. Durante os anos que morei em Chicago, ao sair do aeroporto de O'Hare depois de ter passado uma temporada em São Paulo, sempre senti muito frio, porque a diferença de temperatura era gritante entre as duas cidades. Cariocas também podem ter o mesmo sentimento ao pisarem em Congonhas, e por aí vai.

Assim, não ficam dúvidas de que vemos diferenças onde não existem com muita frequência e, por isso, **não podemos tomar o que percebemos como a única versão possível da realidade**. Dessa forma, **compreendemos que nossos entendimentos a respeito das coisas estão sempre embasados na comparação**: não existiria o dia se não fosse a noite, o quente se não fosse o frio, a saciedade se não fosse a fome, e assim por diante.

Não vemos diferenças onde elas existem

Imagine que você está assistindo a um filme. Caso esteja no celular, a cabeça da atriz principal vai ter uns dois centímetros de tamanho. Mas, se você assistir numa televisão bem grande, a cabeça dela terá vinte centímetros no mínimo. Quando projetadas na sua retina, essas imagens terão tamanhos completamente diferentes. Mas o seu cérebro faz os devidos ajustes e, por isso, você sabe que a cabeça da atriz é mais ou menos do tamanho da sua. Logo, diferentemente do que vimos antes, não percebemos diferenças onde elas existem.

Outro exemplo é a cor da nossa pele. Você já reparou que, independentemente do ambiente ou da iluminação, a sua cor de pele sempre lhe parece igual? Na verdade, ela não é. Se utilizarmos um aparelho para medir a cor da pele num dia ensolarado e numa garagem escura, e depois compararmos os dois resultados, veremos que são completamente diferentes. Mas ninguém percebe isso – nem nós mesmos.[14]

Tudo isso é resultado da evolução do nosso cérebro. No caso da cor, como a luz mudava muito ao longo do dia, nossa percepção das pessoas, dos animais e dos objetos era sempre afetada. Assim, a luz podia trazer confusão e dúvidas – portanto, perigos – aos nossos ancestrais. Mutações ocorreram e contribuíram para que nossa percepção fosse menos confusa, mais estável e, ao mesmo tempo, mais segura. E o mesmo é verdade para outros animais. As abelhas funcionam como nós, por exemplo.[15] É como se nós tivéssemos, no cérebro, um sistema de calibração que corrige a mudança da luz e, assim, as cores parecem razoavelmente as mesmas, mesmo em contextos diferentes.[16] Hoje há também câmeras que conseguem imitar esse mecanismo.

Na ciência, nós o chamamos de constância. E, aqui, dei o exemplo de constância de tamanho[17] e de cor, mas existem outros, por exemplo, a constância de forma. Ela nos ajuda a entender por que reconhecemos uma moeda com facilidade. Já parou para pensar que vendo apenas o perfil dela, que é irrisório, você consegue notar que se trata de uma moeda, e não de um metal qualquer?

Enfim, assim como vemos diferenças onde não existem, também não vemos diferenças onde existem. O tempo todo. Há muitas ilusões assim no nosso dia a dia, e estamos todos compartilhando a mesma ilusão. Isso significa que nós, para muitas coisas da vida, criamos um mundo em comum. Na verdade, estamos criando consenso – e muito provavelmente por conta desse consenso acreditamos que percebemos a realidade. A conclusão é que, **se o mundo é uma ilusão, é uma ilusão necessária.**

O papel do contexto em nossas emoções e nossos sentimentos

Nossas experiências são a base que o cérebro tem para fazer novas percepções e previsões, e nos ajudar a definir ações. Por exemplo, não precisamos de todas as letras para prever uma palavra. Basta ver parte dela para sabermos o que está escrito. Da mesma forma, se vemos parte de um objeto, conseguimos identificá-lo – se olharmos para a copa de uma árvore da nossa janela, já sabemos que se trata de uma árvore.

Sem dvdúia, vcoê é capaz ler e etneednr etse ttexo com lrats tcaorads e plaarvas ftalndao. Isso prquoe, adrcoo com pseuqasis, o crébreo eenxgra as prlavraas cmoo um bcolo de iemgam.

Fonte: Ferreira, T. (2 de abril de 2018). *Cérebro humano é até 30 vezes superior ao melhor computador do mundo.* VIX. Recuperado em 30 de julho de 2021, de https://www.vix.com/pt/bbr/1639/cerebro-humano-e-ate-30-vezes-superior-ao-computador-mais-avancado-do-mundo?utm_source=next_article

Nossas emoções são apostas do cérebro ou do próprio corpo. Já nossos sentimentos são apostas sempre do cérebro. Ambos baseados em experiências. Nós nos vemos sempre como reagindo ao mundo, mas, na verdade, estamos sempre reagindo a nós mesmos, prevendo e construindo o mundo dentro da gente.

E como nosso corpo e nosso cérebro apostam? Quase como um computador de previsão meteorológica.[18] Os registros passados são utilizados para construir uma determinada previsão, que será registrada como acerto ou erro depois do acontecido. Se o veredito for acerto, no futuro, essa mesma previsão será feita num contexto análogo. Se for erro, essa previsão tende a ser evitada num contexto parecido. Como já mencionei no capítulo 1, eu tive depressão. Chorei muito na primeira consulta com o psiquiatra. Até hoje, quando faço uma consulta, choro e por muito tempo não entendi o porquê. Recentemente, saquei que o choro é apenas uma aposta do cérebro quando converso com o psiquiatra. Como costumo fazer consultas mesmo estando bem, preciso registrar que o choro não é sempre a aposta correta. Logo, nem sempre deve ser interpretado como um sentimento negativo.

É dessa forma que os sentimentos são formados, assim como suas consequências. E um mesmo sentimento pode ter diferentes consequências, a depender dos registros de aposta que o nosso cérebro catalogou. Imagine que você está passando mal: sua pressão caiu e seu coração está acelerado. Muitos sentimentos, positivos ou negativos, podem estar associados a essa alteração combinada. Pode ser que você tenha sentido medo, felicidade, ansiedade, entre outros. Por isso bons médicos entrevistam o paciente no pronto-socorro para entender o contexto antes de descartar ou criar hipóteses sobre sua saúde e propor exames. Alterações fisiológicas podem ter diversas causas assim como um cardápio variado de consequências, ou até mesmo a mesma consequência para diversas causas.

Isso acontece porque **somos criaturas criadas por nós mesmos, e o contexto é fundamental nessa construção.**[19] Nosso acesso ao mundo físico se dá por meio de nossos sentidos. Contudo, como já vimos, nossos sentidos são limitados. Por isso, um mesmo objeto pode ser visto de diferentes formas caso o contexto mude. E qualquer imagem que chega à retina só ganha sentido depois que o cérebro a processa de acordo com o contexto em que está inserida. Sempre precisamos entender o entorno para entender os objetos e, principalmente, as pessoas – inclusive nós mesmos.

Quando Darwin estudava as emoções, ele recebia fotos de animais e humanos pelo correio. Depois da famosa viagem a bordo do *Beagle*, ele nunca mais colocou os pés num navio para atravessar os oceanos e explorar o mundo. Portanto, precisava que colaboradores enviassem fotos. Darwin dizia que, em muitos casos, ao olhar as imagens que recebia pelo correio, era praticamente impossível supor o que as pessoas estavam sentindo sem ler os comentários sobre o contexto em que a foto fora tirada, o que ilustra bem como ele é importante.[20]

Estabelecemos, então, que o contexto nos ajuda a entender o que acontece com nosso corpo e cérebro. Isso significa que podemos mudar o que sentimos ao mudar de contexto? Sim. Mudando o ambiente no qual sempre nos irritamos, podemos diminuir a chance de nos irritarmos e, portanto, facilitar uma nova postura. Nem sempre isso é possível, o que não pode servir de desculpa para não melhorarmos nosso comportamento, porque também podemos mudar emoções e sentimentos sem modificar o contexto. Sabe por quê? Porque **o mais importante é como interpretamos nossas emoções e, logo, como sentimos.** E sempre podemos mudar de ideia.

Vemos o que vivemos

Você deve estar se perguntando: bem, já que todos nós criamos a mesma realidade, por que não existe um consenso universal sobre o mundo? Por que não sentimos felicidade ou tristeza da mesma forma? Nada é tão simples. **Nossas percepções são modificadas pela experiência.** Minha realidade depende da minha experiência tanto quanto a sua realidade depende da sua.

Vamos supor que eu e você estejamos caminhando na rua quando nos deparamos com um acontecimento – a título de exemplo, imaginemos que se trate de uma batida de carro, em que um veículo bate na traseira do outro. É compreensível que cada um de nós enxergue esse acidente de formas diferentes. Mas você saberia dizer o porquê? Afinal, estamos no mesmo contexto. Simples: porque somos pessoas diferentes. E pessoas diferentes possuem vivências diferentes. Mesmo que elas sejam gêmeas idênticas. Eu, quando pequena, sofri um acidente de carro com meu pai, no qual ele quase morreu; talvez por isso eu me abale muito nessas situações, a ponto de mudar meu humor pelo resto do dia. Por outro lado, você pode ter visto muitas batidas sem grandes consequências e talvez ache que é só mais um evento corriqueiro, do qual se esquece rapidamente.

Essas experiências vão definindo nossos conhecimentos, interesses etc. Cada pessoa possui seu próprio repertório, que influencia a sua percepção do mundo. Em outras palavras, como já sabemos que nossos sentidos são limitados, consciente ou inconscientemente, **nós escolhemos os detalhes ou somos escolhidos por eles**. Não conseguimos observar todos, mas alguns se destacam.

Vamos imaginar dois indivíduos que trabalham no centro da cidade e vão para o escritório de metrô. Um deles ganha um salário-mínimo por mês, e o outro, dez vezes mais. Logo, qualquer aumento na tarifa do metrô vai ser percebido como dez vezes mais caro para o indivíduo com a menor remuneração. Em geral, nós percebemos o mundo de acordo com nossa vivência. E temos que saber que **aquilo que tomamos por realidade é apenas nosso ponto de vista**.

Entre encontros e desencontros

Como vimos, na maior parte do tempo, há um consenso entre os membros da nossa espécie sobre a realidade ao redor. Temos um cérebro parecido e vemos o mundo com cores, tamanhos, posições, formas similares. Ainda que haja diferença entre nós – por exemplo, alguns são daltônicos e outros não –, há mais semelhanças entre as realidades que enxergamos do que entre a nossa e a do nosso pet. Vamos chamar esse ponto de vista, mais facilmente compartilhado pelos seres humanos, de realidade objetiva.

O problema é que, com frequência, não há consenso. Não há ponto de encontro entre pessoas. Também vimos que as experiências afetam nossa percepção e, como cada um tem seu repertório de vivências, nem sempre compartilhamos o mesmo ponto de vista. E, assim, escolhemos ou somos escolhidos por detalhes diferentes, que compõem uma versão única do mundo. É como aquelas cenas de filme em que há uma aula de desenho e diferentes personagens estão pintando um modelo vivo. Quando o professor passa pelo cavalete de cada um, vemos representações muito diversas. E esses desenhos são ficções, ou seja, não são o próprio modelo vivo, mas versões dele pelo olhar de outros. Esse ponto de vista, que é uma ficção, mais difícil de ser compartilhada, será chamado aqui de realidade subjetiva.

Agora, quando uma realidade subjetiva é compartilhada por quase todo mundo, ela parece ser uma realidade objetiva. Um exemplo: o dinheiro. O que é o dinheiro? Uma realidade subjetiva compartilhada por todos.[21] É uma ficção útil e que torna as interações, realizações e colaborações possíveis. Aí você pode me perguntar: "Mas, Claudia, como é que o dinheiro é uma ficção se ele existe? Estou aqui com uma moeda na minha mão". E eu direi: essa moeda é um objeto que criamos para simbolizar um valor. Mais ainda: olhe para sua conta bancária. O que está lá não é dinheiro? Mas você não vê, não sente, não toca, correto?

Veja, não quero dizer que ficções são ruins ou enganosas. Elas são extremamente necessárias para a sociedade. E nenhum outro animal do planeta possui a imaginação que nós temos. Outra ficção importante: as leis. As leis são criadas por nós para respeitarmos o direito alheio e, claro, garantirmos os nossos, determinar deveres e dirimir conflitos, evitando que qualquer disputa se torne uma guerra. Mas elas não são naturais, ou seja, não nascem em árvores como frutas, e sim são criadas, redigidas e reformuladas por uma comunidade.

As ficções partilhadas facilitam a cooperação. Dois norte-americanos que não se conhecem vão à guerra como irmãos em nome de sua nação. Dois crentes que nunca se viram podem atravessar um período de sofrimento lado a lado com fé na vontade de Deus. Dois funcionários de uma mesma corporação são capazes de trabalhar juntos num projeto sem conhecer a vida pessoal um do outro.

No fim, **precisamos da realidade objetiva e da subjetiva**. Mesmo que seja difícil ultrapassar o viés do ponto de vista subjetivo, criamos procedimentos e instrumentos que nos auxiliam a mapear a realidade objetiva, como o método científico e o estetoscópio. É claro que estamos, cada um do seu jeito, sempre na intersecção dessas duas. Por isso, também contamos com a participação de outras pessoas para que, juntos, possamos costurar uma visão comum do mundo. Para a realidade objetiva que não está na sua intersecção, você conta com os especialistas. Já para a subjetiva, você busca entender a realidade das outras pessoas.

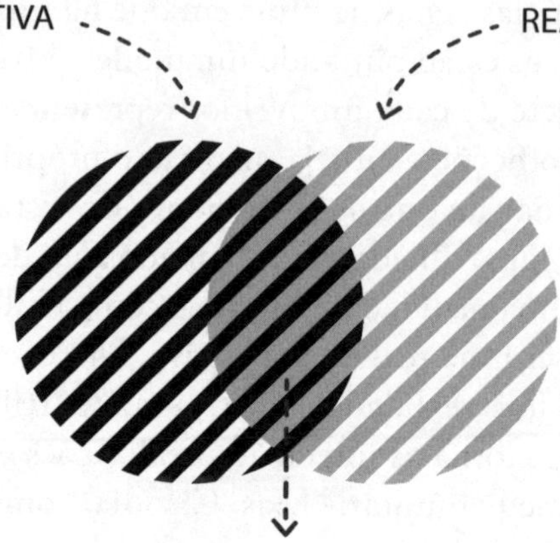

Nossa experiência influencia nossas vidas

O ano era 2015. Cecilia Bleasdale mandou para sua filha a foto de um vestido azul e preto que havia comprado para usar em seu casamento. Ela ficou muito surpresa quando a filha disse que o vestido branco e dourado era lindo. Cecilia ficou ainda mais surpresa quando seu parceiro, Paul, que estava na loja com ela, também viu as cores branco e dourado na foto. No dia da cerimônia, a dúvida foi resolvida: todos viram uma roupa azul e preta. O que Cecilia não sabia era que sua filha havia postado a foto no Facebook, o que, daí, tornou-se uma sensação viral conhecida como #TheDress.[22]

Na época, nós, neurocientistas, aproveitamos a oportunidade para ensinar que não havia certo e errado, mas que a cor é uma construção mental. Desde então, foram escritas dezenas de artigos publicados sobre esse viral que nos ensinaram um pouco mais sobre como percebemos o mundo e como isso influencia nosso comportamento. Enfim, descobriu-se que se trata de algo muito além de simples cores.

Primeiro, é importante lembrar de que a ilusão só acontecia diante da foto. Por isso, no casamento, todos os convidados viram as mesmas cores. Quando se trata do vestido em si, há um consenso quanto às cores, que denominamos de "azul" e "preto". Lembra-se de que o cérebro padroniza pequenas mudanças e, por sermos relativamente parecidos com nossos semelhantes, há uma realidade que conseguimos compartilhar?

A polêmica girou ao redor da foto do vestido. Isso começou entre Cecilia e sua filha, pois não viam as mesmas cores. Depois que a filha postou, a divergência só aumentou e, por isso, o post viralizou. Alguns gritavam que era óbvio que o vestido era azul e preto, enquanto outros berravam que estavam vendo uma roupa branca e dourada.

Você deve estar se perguntando: o que leva as pessoas a verem cores diferentes numa mesma foto? E mais: o que as pessoas que veem as mesmas cores têm em comum?

Há um efeito bastante corriqueiro na mente conhecido como *priming* (ou primazia, porém o termo em português quase não é usado), do qual não nos damos conta, pois é inconsciente. Trata-se da exposição a um estímulo que influencia a percepção ou o comportamento de uma situação posterior. Lembra-se do meu choro diante do psiquiatra? É resultado do *priming*. Por causa dele, "a primeira impressão é aquela que fica". Ou seja, se você viu o vestido azul e preto, das próximas vezes que enxergar a foto, provavelmente continuará vendo azul e preto. Se viu primeiro branco e dourado, há uma tendência a continuar vendo branco e dourado.[23] Há exceções, mas em geral é o que acontece. Sabe o cubo de Necker?[24] Veja a imagem a seguir. Você acha que o cubo está voltado para a direita ou para a esquerda?

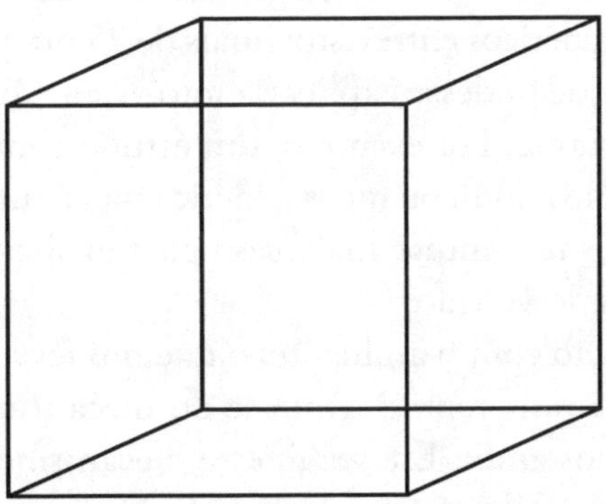

Caso você tenha achado que ele estava voltando para a esquerda, quando olhar novamente a foto, é provável que veja a mesma coisa. Do contrário, se acredita que ele está voltado para a direita, a tendência é continuar vendo-o nessa direção.

No caso do cubo e de outros exemplos clássicos, como imagens em que vemos o rosto de uma jovem e de uma idosa (ou de um homem e um rato, um vaso e uma silhueta, o pato e a lebre etc.), depois que você descobre que é possível enxergar a mesma figura de outra maneira, pode ser que sua percepção mude. Veja a seguir imagem manipulada dos cubos, reduzindo a ambiguidade do centro para as laterais. Nas laterais, as opções são tão distintas quanto as cores que vemos no vestido.

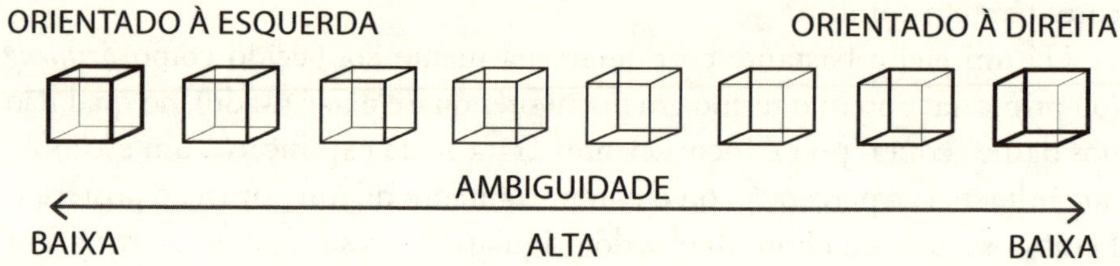

Fonte: Maksimenko, V., Kuc, A., Frolov, N. et al. (2021). *Effect of repetition on the behavioral and neuronal responses to ambiguous Necker cube images*. Sci Rep 11, 3454. Recuperado em 31 de agosto de 2023, de https://doi.org/10.1038/s41598-021-82688-1

Então o que explica essa diferença entre grupos de pessoas: o time azul-preto e o time branco-dourado? Seria a genética ou o ambiente? Uma empresa de banco de dados genéticos entrevistou mais de 25 mil pessoas e não encontrou nenhum gene que pudesse explicar a foto viral.[25] Isso mostra o quanto o ambiente é importante. Por exemplo, um estudo com 446 gêmeos (entre fraternos e univitelinos) indicou que a genética não é fundamental, mas que os fatores ambientais têm muito mais peso para explicar essa dicotomia na percepção das cores do vestido.[26]

Em nossa interação com o ambiente, o que nos leva a perceber a mesma coisa de maneiras tão diferentes? Trata-se do mecanismo neural chamado constância, que vimos antes. Em geral, esse mecanismo funciona de modo parecido para todo mundo. A foto do vestido é uma raridade, mas ela veio para nos lembrar de que nem sempre o nosso sistema de calibração funciona exatamente da mesma maneira. Eu sempre vejo branco e dourado, porque o meu cérebro "acha" que a foto foi tirada numa sombra de tom azulado. Meu cérebro faz uma correção, retirando esse azulado e, assim, percebo o vestido como branco e dourado. O contrário acontece com o cérebro que "acha" que a foto foi tirada num local ensolarado, com um tom amarelado; assim, ao corrigir a imagem, revela-se um vestido azul e preto.[27]

E se o cérebro "acha" que a iluminação do ambiente é neutra? Nem na sombra nem em local ensolarado? Nesse caso, o cérebro não faz nenhuma correção e, assim, a pessoa vê azul e dourado, ou algo similar, mas não perceberá o branco nem o preto. E por que essa foto causou uma confusão tão grande? Porque ela reúne as cores típicas da variação da luz ao longo do dia, que costuma reunir azuis e amarelos.[28]

Então, o que as pessoas que veem branco e dourado têm em comum? E as que veem preto e azul? Até porque, somados, foram os grupos predominantes. Não sabemos ao certo, mas temos algumas pistas. Quanto mais jovens e vespertinas eram as pessoas, ainda mais se fossem do gênero masculino, mais gente via azul e preto. Entre aquelas do gênero feminino, menos jovens e mais matutinas, havia mais pessoas que enxergavam branco e dourado. Eu, por exemplo, não sou uma jovenzinha e muito menos uma pessoa matutina, mas vejo sempre branco e dourado – logo, trata-se de pistas apenas, não significa que seja uma regra válida para todos.[29]

Sou a única brasileira entre os cientistas que estudaram esse viral. No meu estudo, verifiquei que nossos brancos são diferentes, ou seja, o branco entre os que veem branco e dourado difere do branco dos que veem azul e preto. Junto com outras pesquisas, esse achado nos leva à ideia de que o ambiente onde nascemos ou vivemos por muito tempo tem um papel fundamental em como nosso cérebro constrói nossa percepção das cores e, principalmente, nossas preferências.[30]

Essas e outras pistas, que são muito individuais, levam os cérebros a escolher a iluminação da foto, definindo as cores que percebemos no vestido. **Nossas particularidades modulam a forma como percebemos o mundo.** E um detalhe importante: automaticamente. O cérebro escolhe por nós, fenômeno conhecido por inferência inconsciente,[31] que também vale para a maneira como criamos estereótipos e rotulamos pessoas, lugares e coisas. Por ser inconsciente, a mensagem é que vamos continuar fazendo julgamentos automáticos, mas podemos aprender a não expressá-los enquanto verificamos se eles são válidos ou não (*spoiler*: em geral, é bem capaz que estejamos equivocados).

A lição mais importante desse post viral já está sendo captada pelo público geral: **a nossa percepção pode ser tão subjetiva quanto uma opinião política.** O fato de vermos algo de um jeito não significa que todos o verão da mesma forma. Saber disso nos ajuda a construir relacionamentos melhores, bem como uma sociedade mais tolerante.

O mundo começa aqui dentro

E, agora, a pergunta crucial: onde começa a nossa percepção do mundo? Você pode responder com apenas uma palavra. Uma palavra que eu ainda não mencionei, mas que resume isso com clareza. Para você refletir e deixar ainda mais fácil: essa percepção é construída a partir de estímulo externo ou interno, ou seja, se inicia de fora para dentro ou de dentro para fora? Caso você não tenha certeza, imagine o exemplo da visão, já que, como falei, somos primordialmente visuais. A visão começa na luz, nos objetos ou, de alguma forma, dentro de nós? Se você está atento à nossa conversa, já sabe que a sua percepção do mundo começa de dentro para fora.

A palavra mágica que exprime perfeitamente onde começa nossa percepção de mundo é expectativa. **Todas as nossas relações com o mundo e com as pessoas são mediadas por nossas expectativas.** Isso tem um significado muito amplo em nossas vidas, porque não nos damos conta de que a expectativa está em *todas* as nossas percepções, não somente em nossos relacionamentos.

Note que a inferência, mencionada antes, não serve só para o que achamos de pessoas, mas para como vemos o mundo. Como mencionei no capítulo 1, eu tenho presbiopia, a famosa vista cansada. Quando estou lendo algo sem meus óculos, acabo fazendo inferências a partir do contexto para entender o que está escrito. Logo, eu não estou somente lendo, mas, a partir de pistas, tentando interpretar o que está escrito. Quando estou sem óculos, leio menos e interpreto mais.

Com frequência, fazemos as mais variadas inferências. Reflita sobre as que você costuma fazer na sua rotina. Desde tentar ver o letreiro do ônibus ou de uma placa mais longe até deduzir algo que uma pessoa falou baixinho ou adivinhar se alguém está de mau humor. O que acontece é que raramente paramos para pensar no que fazemos, mas saber disso faz com que a nossa vida fique mais fácil!

Por exemplo, quando você entra numa sala e olha para uma cadeira, ninguém precisa dizer que se trata de uma cadeira. Você já sabe o que é uma cadeira. Ninguém está discutindo se algo é ou não é uma cadeira. Não importa onde você esteja no planeta, se você bater o olho numa cadeira, reconhecerá que é uma cadeira. A única exceção são os membros de povos isolados, que talvez não tenham nada parecido ou não tenham visto uma cadeira como a nossa. Nós, que vivemos num mundo cheio delas, reconhecemos qualquer uma prontamente, graças à inferência inconsciente.

Agora, vimos que os indivíduos têm experiências distantes e criam repertórios diferentes. Portanto, cada um pode perceber o mundo de sua própria maneira. Esse ponto é muito importante, porque, com frequência, é o início dos maiores problemas com outras pessoas. Então pense comigo: nossa percepção de mundo precisa dos nossos sentidos, certo? Logo, o processamento sensorial é aquele que processa as informações externas captadas pelos sentidos. Esse processamento também é conhecido como *bottom-up*. Para que essa informação se torne consciente, ela precisa se encontrar com o processamento *top-down*, que podemos dizer que é nossa biblioteca, onde se encontra nosso repertório de conhecimentos e vivências. Somente depois de o *bottom-up* se encontrar com o *top-down* é que temos a percepção. Observe a figura a seguir.

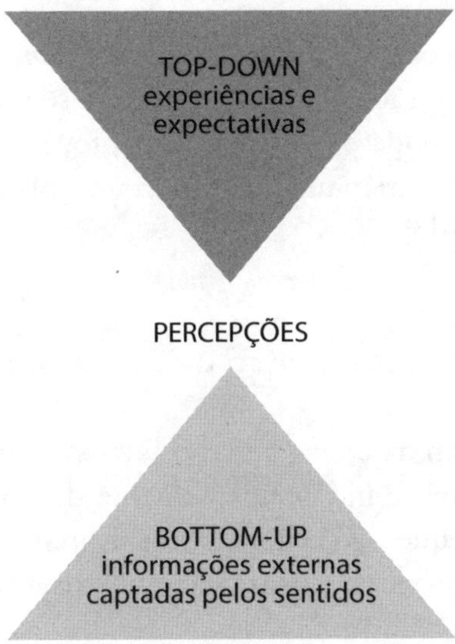

Pensando de novo no exemplo da cadeira, podemos compreender por que é fácil que todos os seres humanos que veem uma cadeira concordem que se trata, de fato, de uma cadeira, mas é bem mais difícil chegar a um consenso sobre ela parecer barata ou cara, bonita ou feia, confortável ou desconfortável, sem mencionar aqueles que podem ser indiferentes a ela. Onde começa a desavença? Nas nossas experiências, que não são facilmente comparáveis às de outras pessoas. Como elas moldam nossas expectativas acerca da realidade, pessoas diferentes possuem expectativas diferentes.

Se nosso *top-down* é formado e alimentado por nossas experiências, o que acontece com os bebês? Mesmo tendo um *top-down* durante a gestação, ele é bem diminuto. Quanto mais vivência o bebê tiver, mais ele alimentará seu *top-down* e ampliará seu repertório. Por isso a estimulação sensorial é tão importante para os bebês, incluindo os filhotes de outros mamíferos, como gatinhos e cachorrinhos.[32] A privação sensorial pode causar danos irreparáveis, uma vez que os neurônios precisam ser estimulados numa janela de tempo que, se perdida, dificulta muito o desenvolvimento.[33] Na verdade, essa premissa é válida para todas as idades, uma vez que continuar aprendendo é sempre importante.[34]

Note que temos que levar em consideração também a qualidade da estimulação sensorial. Pense numa criança negra que cresce brincando com bonecas, que se tornam, para ela, o símbolo da beleza. Se ela não tiver uma bonequinha bonita que se pareça com ela, terá dificuldade de se achar bonita, gerando um ciclo que começa no *bottom-up* – captando as características da boneca – e que, ao alimentar seu *top-down*, cria a percepção de que pessoas negras não são bonitas. Isso afeta a sua expectativa de mundo e de si mesma, o que pode produzir sofrimento. Por isso, como vimos no capítulo 2, a cultura é extremamente importante: ela cria preconceitos, mas também pode destruí-los.

Sentimentos só existem dentro de nossa mente

Achamos que o som da chuva que escutamos, assim como o amarelo da banana que vemos, existe independentemente de nossa existência. Vimos nas seções anteriores que não é bem assim. E mais: o mesmo vale para o sentimento, porque não existe tristeza sem que existam pessoas para se sentirem tristes.

Veja só, sentir tristeza é um aprendizado culturalmente construído. Nascemos distinguindo bom de ruim, nada além disso. Por exemplo, o ser humano nasce com a capacidade de distinguir e reproduzir os sons de todas as línguas.[35] Por isso, uma criança que nasce no Brasil consegue aprender português; se ela tivesse nascido na África do Sul, poderia falar xhosa, língua conhecida por ter fonemas chamados popularmente de "cliques" que só seus falantes conseguem reproduzir. Com o tempo, focamos nos sons de nossa língua e perdemos a habilidade para os demais.

Como fazer essa ponte com o sentimento? Sentimos o som, a cor, a textura, o cheiro de maneira semelhante; temos um cérebro muito parecido. No entanto, assim como não podemos garantir que ouvimos exatamente o mesmo som da chuva ou vemos a banana com o mesmo amarelo, não nos sentimos da mesma maneira ao enfrentar a morte de um ente querido, por exemplo. **Cada um sente à sua própria maneira.**

A necessidade de pertencimento

Nossa biblioteca de interações com o mundo é diretamente influenciada por nossa cultura. Por isso, indivíduos da mesma cultura se entendem em questões que podem ser incompreensíveis para aqueles pertencentes a outra cultura. **Quando você compartilha a sua realidade com outras pessoas, você sente que pertence a um grupo.** Em outras palavras, quando a sua realidade é compartilhada com outros, você se sente conectado a eles.

Por isso nossa cultura é tão importante: ela organiza a sociedade e possibilita uma convivência mais harmônica. Quando nos identificamos com algum elemento cultural, estamos fazendo parte de uma comunidade com outros que também se identificam com aquele elemento. Assim, sentimos que pertencemos a um determinado grupo e, portanto, nos sentimos bem e em harmonia com seus membros.

Esse pertencimento pode surgir entre membros de grupos distintos, o que é uma grande vantagem da sociedade. Dessa forma, podemos ter várias identidades. Imagine uma chilena, transexual e cantora lírica, como a personagem Marina do filme *Uma mulher fantástica*. Provavelmente ela se identifica com a cultura chilena, a transexual e a dos cantores líricos, pelo menos.

Pense nas redes sociais. Nelas é óbvia a importância do pertencimento. Como as pessoas, em geral, se relacionam no Instagram ou em qualquer outra plataforma? Seus usuários contam o número de curtidas, compartilhamentos, comentários, engajamento – ou seja, o impacto que suas postagens têm sobre o outro. Uma das coisas que estão buscando é o pertencimento. Ao mesmo tempo que isso é importante, por causa do funcionamento dos algoritmos, corre-se o risco de criar uma ilusão de tribo e ter, pela via digital, uma visão distorcida do mundo off-line.

Da mesma forma, fazer parte exclusivamente de um grupo pode ser perigoso, pois assim me prendo a uma única versão da realidade, como se ela fosse equivalente à realidade objetiva, ou seja, "o mundo é meu quintal". Quando isso não se sustenta, é possível que eu me vire contra quem é diferente ou até mesmo contra mim mesmo. Muitos grupos funcionam assim (falaremos mais sobre isso no capítulo 6). E temos conhecimento de alguns grupos que fizeram o suicídio coletivo,[36] além de grupos com relatos e até mesmo investigações de abuso moral e sexual.[37]

É importante frisar que há diferentes graus de pertencimento. Vamos supor que você seja brasileira, heterossexual e confeiteira – de cara, já identificamos três grupos aos quais você possivelmente sente que pertence. Mas, por exemplo, é cultural do brasileiro ser barulhento e festejar até tarde. Você pode se sentir menos brasileira ao viver num país tão cheio de ruídos. Agora, suponhamos que você desça até a portaria para reclamar com o porteiro de uma festa no condomínio e, lá, encontre outro vizinho que se sente indignado com o barulho. Assim, percebe que existem outros como você e, portanto, sente que pertence a seu país. Ou, num exemplo simples, você pode sentir um furor nacional durante a Copa do Mundo, mas, no resto do ano, sonhar em morar em outro país.

Outro ponto é que, **quando nos sentimos solitários, também nos sentimos não pertencentes** – seja quando não há ninguém ao redor ou quando estamos numa situação desesperadora. Uma delas é a alucinação, uma percepção que não é compartilhada pelos outros, seja ela visual ou auditiva. Imagine ver algo que ninguém está vendo. Ouvir vozes que ninguém ouve. Ou sentir uma taquicardia gerada por um ataque de ansiedade, que, mesmo se já sentida antes, o faz entrar em desespero e achar que está tendo um ataque cardíaco, ou, ainda, que vai morrer. Muitos familiares, amigos ou médicos reagem dizendo que não é nada. Se você sofre de algo assim, é bem capaz de se sentir solitário no seu sofrimento.

Portanto, quando compartilhamos nossa realidade, sentimos que pertencemos. Quando não, nos sentimos extremamente sozinhos. E o não pertencimento pode gerar um pensamento suicida ou uma inspiração criativa. Você pode se sentir mal pelo fato de que ninguém percebe o que você percebe, como num caso de surto psicótico. Mas um artista, líder ou cientista, por exemplo, que possui uma ideia inovadora, e tem consciência disso, pode escolher apostar nela, por mais que ela seja desacreditada, e seguir seus objetivos.

No fim, é preciso lembrar que **só porque compartilhamos um ponto de vista não significa que ele resume tudo o que o mundo é**. É tão importante buscar consensos como aceitar diferenças para vivermos melhor. E isso começa na nossa percepção.

Conheça a si mesmo

1. O mundo é uma ilusão necessária. O que tomamos por realidade é uma mistura da realidade objetiva com a subjetiva. Logo, é quase sempre um ponto de vista.
2. Nossas experiências influenciam nossas expectativas, que, por sua vez, afetam a maneira como percebemos o mundo.
3. Nossa percepção do mundo começa de dentro para fora.
4. Da mesma forma, cada um sente de maneira única. Cuidado com as comparações!
5. Para lidar com as emoções, você precisa lembrar que contexto é essencial. Se você mudá-lo, pode lidar de maneira diferente com determinado evento ou pessoa. Mas, como isso nem sempre é possível, não perca as esperanças: se você reinterpretar seus sentimentos, também consegue mudar como se sente.
6. Quando nos sentimos solitários, não sentimos o pertencimento. Porém, quando compartilhamos uma mesma realidade com outros, sentimos que fazemos parte de uma comunidade.
7. Só porque compartilhamos um ponto de vista não significa que ele equivale ao mundo todo. É preciso buscar consensos, mas também respeitar diferenças.

4

Como tomar decisões melhores

Um dos pilares da sociedade é a crença de que somos perfeitamente capazes de fazer as melhores escolhas. Isso significa que sabemos com precisão o que precisamos e, para alcançar esse objetivo, conseguimos suspender nossas emoções e tomar decisões exclusivamente racionais. Diante de um cardápio de opções, nós poderíamos elencar os prós e os contras de cada uma delas e analisar suas consequências. Então escolheríamos a mais benéfica, ou até mesmo nenhuma. Agora, de acordo com a ciência, é isso que acontece? Não. E mais: é quase impossível que venha a acontecer.

Nós não somos supercalculadoras

No cenário descrito acima, funcionaríamos como supercalculadoras. Ou seja, teríamos que ser apenas racionais, sem um pingo de emoção – ao contrário do que somos de fato, já que razão e emoção caminham juntas. Por exemplo, vamos supor que você esteja precisando de uma geladeira nova. Para que sua decisão fosse só racional, você teria que ser um especialista em eletrodomésticos: conhecer tudo sobre geladeiras, como funcionam, saber definir o que é verdadeiro ou não na campanha de marketing das disponíveis no mercado – como supercalculadoras de inteligência artificial que levantam dados, fazem contas e entregam o resultado mais eficiente. Mas não dá para ser um perito em tudo o que você consome.

E isso seria muito, mas muito ruim. Não só a perfeita racionalidade não existe – estamos bem longe dela –, como, se fôssemos apenas racionais, continuaríamos tomando péssimas decisões. Imagine o seguinte cenário: você está na rua, à noite, e nota algo estranho. Ao olhar ao redor, não percebe nada errado. Há pessoas na rua, que está iluminada, mas você está com o laptop na mochila e começa a sentir frio na barriga. Você já foi assaltado à noite, então decide se precaver: resolve pedir um Uber em vez de ir andando. Mas sua bateria acabou. Aparece um táxi, que vai lhe custar mais. Você opta pelo táxi. Ao entrar no carro e fechar a porta, vê pela janela uma pessoa sendo assaltada. Ou seja, a emoção reproduzida pela memória de um evento passado ajudou você a tomar a decisão mais sábia mesmo que ela implicasse um gasto maior. Aliás, esse é um dos grandes desafios para a inteligência artificial: a inclusão da emoção para decidir de maneira mais sábia, e não só racional. Por isso, a cor da geladeira também é importante, por exemplo.

Várias disciplinas estudam a tomada de decisão, como a psicologia, a economia e a neurociência. Por meio dessa troca de conhecimento, hoje entendemos melhor como uma pessoa faz suas escolhas. Foi assim que aprendemos que não somos *Homo economicus* – ou seja, uma espécie capaz de sozinha tomar as melhores decisões para seu bem-estar –, e sim *Homo sapiens* – uma espécie cheia de imperfeições.[1]

Um dos precursores dessa descoberta foi António Damásio por meio de casos como o do famoso paciente Elliot. Depois da remoção de um tumor cerebral na região frontal (ver figura na página 35), que era conhecida como a responsável pela racionalidade, Elliot teve a capacidade de tomada de decisões prejudicada. Damásio notou que, embora ele continuasse apresentando um QI elevado, havia perdido sua compreensão emocional e, por isso, não realizava boas escolhas. Ainda que casos como o de Elliot sejam raros, nos ensinam que, ao contrário do que muitos acreditam, nossas escolhas são tomadas por meio da razão *e* da emoção – anular uma ou outra seria péssimo. A vida pessoal e profissional de Elliot foi arruinada, exemplificando a importância de considerar as emoções e os sentimentos, que, por sua vez, são justamente o fruto da união entre emoção e razão.[2]

Como vimos no capítulo 2, escolhemos, mesmo que inconscientemente, colaborar com pessoas – somos seres sociais e precisamos dos outros para sobreviver. Por isso, **é preciso escolher com quem você quer colaborar ou conviver.** Mas você já reparou que não pensamos nesse tipo de escolha como uma tomada de decisão?

Para entender por que nem sempre tomamos as melhores decisões, é necessário compreender que **nosso mecanismo de escolhas não é perfeito.**

E, como precisamos colaborar com pessoas quase sempre, a mente acaba nos traindo. Com frequência, nós precisamos negociar com os outros (muitos ou poucos) no dia a dia. Nosso cérebro evoluiu de tal maneira que nos convencemos do que queremos para, então, buscar convencer os demais – pais fazem isso com filhos; filhos com pais; chefe com subordinados; presidente com a população; influenciadores com seguidores etc. Todos nós criamos justificativas para nossas escolhas.

Ao nos questionarmos, encaramos os limites de nossa compreensão e capacidade de solucionar problemas; enfim, ficamos prontos para buscar ajuda e optar pelo melhor para todos os envolvidos. Se você não admite suas limitações, pensa que sabe ou nega o que não sabe, afeta de maneira negativa suas escolhas, colocando em risco o seu bem-estar e até mesmo o de outras pessoas.

Você é sensorial por natureza

Antes de tudo, somos sensoriais e, portanto, bem equipados para responder ao visível, audível, odorante, sápido, por aí vai. Mas também é preciso compreender o abstrato – ou seja, aquilo que não é sensorial nem natural. Isso requer aprendizado (às vezes muito!) das artes às doenças.

Pense no diabetes, doença que está entre as dez maiores causas de morte por ter, entre outros fatores, sintomas bem silenciosos. Nossos sentidos não são capazes de processar sua existência: é invisível, inaudível, inodora etc. Todo paciente pode (e deve) processar as informações disponibilizadas, que são abstratas e extrapolam o sensorial, no espaço e no tempo. Isso não equivale a achar que somos agentes perfeitamente racionais, como defende a questionável teoria da utilidade esperada, e, sim, a constatar que possuímos uma racionalidade "imperfeita" no que tange ao entendimento do espaço e também do tempo, como ensina a teoria do prospecto.[3]

Nossa relação com o tempo é uma construção complexa, que resumimos em "agora", "antes" e "depois". "Agora" resume só o que está acontecendo neste exato instante, neste exato lugar; o "aqui e agora"; o presente. "Antes" é o passado, o que está na memória. "Depois" diz respeito ao futuro, que pode ser influenciado pelo planejamento.

É interessante notar que há um nome para a ausência de memória – por exemplo, amnésia –, mas não para a de planejamento. Na neurociência, problemas de memória são catastróficos e bem estudados. Já os de planejamento fazem parte do modo pensante e operacional padrão do ser humano, mas podem ser catastróficos também, como os prejuízos causados pela procrastinação, assunto que discutiremos mais adiante.

Por isso, atualmente, diversas disciplinas estudam a tomada de decisão para políticas públicas a fim de melhorar o futuro da sociedade como um todo. Um exemplo bem claro e simples é a crise do coronavírus. Quando a pandemia foi declarada em março de 2020, muitos não queriam o *lockdown*, ou seja, um bloqueio quase total da circulação de pessoas para evitar a propagação do vírus altamente contagioso. Se você era uma delas, entenderá melhor por que preferiu arriscar a saúde a ficar em casa.

Os possíveis danos da pandemia não eram visíveis a todos nós. Os danos do isolamento eram piores para muitos, porque traziam consequências econômicas imediatas, por exemplo. A teoria do prospecto mostra que seres humanos apresentam aversão à perda e, portanto, pagamos mais caro para *não perder* (por exemplo, o convívio social ou o trabalho) do que para *ganhar* (neste caso, não ficar doente). Ela também explica por que seu vizinho deu uma festa em plena quarentena, mesmo que se tratasse de uma aglomeração inadequada ou proibida.

Reflita: por que nos comportamos de maneira arriscada na pandemia? Porque lutávamos contra um inimigo indetectável pelos nossos sentidos. Ainda que estivesse entre nós, era percebido como um perigo "lá", e não "aqui". A ameaça também não era extremamente presente – havia o risco de ficar doente, claro, mas, no início, muitos ainda não haviam adoecido. O cérebro privilegia o "aqui" em detrimento do "lá", porque precisamos fazer o exercício de imaginar o "lá" (uma vez que os sentidos não processam o que parece estar mais distante), e privilegia o "agora" em detrimento do "depois", porque não é tão bom de planejamento. Por isso, **precisamos entender como o cérebro dribla nossas falhas para não sermos levados a catástrofes.**

Saber *versus* aprender

Hoje vivemos, em média, o triplo de anos que nossos ancestrais. A expectativa de vida mundial é de 72 anos, enquanto mais da metade de caçadores de alimentos vivia apenas 21 anos. No Brasil, a expectativa é de 76,6 anos[4] – mais do que dobrou nas últimas onze décadas.[5] O que isso significa para nossa capacidade de tomar decisões?

Nem a genética nem a cultura carregam todo o aprendizado necessário para uma vida tão longa. Quer dizer que, na média, nossos ancestrais viveram menos e, logo, não trazemos o conhecimento inato para viver tanto tempo, o que é uma novidade. Também não temos uma cultura adaptada para essa velhice longa. Como aprendemos e nos adaptamos de maneira extraordinária, assimilamos novas capacidades. Porém, como vimos, planejar o futuro não é o nosso forte. Então devemos fazer uso de um de nossos trunfos: a capacidade de *imaginar* um futuro como se ele fosse hoje para planejar o que virá.

Não negamos o perigo presente e visível. Não nos aproximamos de um leão para fazer um afago ou estendemos a mão a uma cobra. Tampouco nos lançamos ao mar se o céu estiver escuro e repleto de trovoadas. Esse tipo de detecção está presente em genes que herdamos de nossos ancestrais.

Nossos ancestrais eram muito bons em identificar perigo. No entanto, eles também identificavam perigo onde não havia algum.[6] Podemos verificar esse traço em nós quando, por exemplo, criamos uma imagem estereotipada de um ladrão. Os estereótipos eram úteis para nossos ancestrais, mas, atualmente, formam preconceitos, como vimos no capítulo anterior. Soma-se a isso o fato de que tendemos a convencer o outro em vez de checar a veracidade do que pensamos. E, com frequência, repercutimos esse comportamento em nossos relacionamentos. Por exemplo, vamos supor que um colega não tenha dado continuidade a uma tarefa na data programada. Quantas vezes você focou nas falhas dessa pessoa em vez de questionar se, por exemplo, você entregou a sua parte na data correta? **Salvo exceção, nós julgamos o outro e nos defendemos antes de tomar responsabilidade pelo que nos afeta.** Para podermos quebrar esse padrão, é necessário entender como o cérebro processa determinadas informações e como você é capaz de aprender a reagir a elas de maneira diferente.

Nem rápido, nem devagar

No best-seller *Rápido e devagar*,[7] o psicólogo Daniel Kahneman mostra como, toda vez que agimos "sem pensar", na verdade, estamos pensando – ainda que não nos demos conta. Mas nosso pensamento pode ser tão automático – tão rápido – que parecemos agir "no impulso". O exemplo anterior, do colega, entra na lista de pensamentos rápidos e automatizados, que não passam pelo estado consciente. Mas será que isso significa que nós não somos responsáveis por eles?

Temos a tendência de achar que o que fizemos muito rapidamente, aquilo de que não estamos conscientes, é uma obra do cérebro, e não de nossa autoria. Ao pensar assim, separamos o funcionamento da mente do cérebro. Contudo, a mente não existe sem um cérebro; portanto, se algo acontece nela, significa que também ocorre no cérebro e, assim, você tem autoria sobre o assunto. Para cada estado mental, há um estado cerebral. Para cada estado cerebral, há um estado mental.*

Por exemplo, pense no reflexo. Você está andando pela rua quando, de repente, ao passar na frente de uma casa, um pastor-alemão late, e você se afasta daquele portão num pulo. Esse seria um ato inconsciente e automático, correto? Muitos acreditam que essa atitude instintiva independe do cérebro e da mente, ou seja, é uma simples resposta natural do corpo. Porém, numa velocidade impressionante, o cérebro assimilou o latido do cão e enviou uma mensagem para o restante do corpo, livrando-o de um perigo iminente. Assim, é preciso abandonar o determinismo de achar que há atitudes que não são da nossa autoria por serem automatizadas e começar a nos preocupar com a maneira como reagimos às situações.

Voltando ao julgamento do colega de trabalho. Você precisa verificar que, automaticamente, vai querer sempre, ou quase sempre, convencer o outro da sua opinião. Com frequência, a atitude ou o argumento do outro vão parecer equivocados de primeira. E por quê?

Porque isso vai acontecer quer você queira ou não. O pensamento rápido faz parte de como o corpo funciona. Mas você não pode cair na falácia de achar que não há nada a ser feito, como se se tratasse da "natureza humana", do "cérebro" ou do "instinto". Ainda que não possamos controlar, por exemplo, que pensemos uma crítica equivocada, podemos refletir sobre como lidar com ela.

Eu já adianto: é mais fácil escrever do que praticar no dia a dia. E não porque seja difícil se tornar consciente de algo inconsciente, mas porque isso exige que se pratique a autocrítica e o ato de se responsabilizar por suas atitudes. É dizer: "É assim que *eu* lido com *esta* situação", e trabalhar em

* No caso da morte cerebral, por exemplo, não há mente. Por isso, é declarada a morte mesmo que o corpo esteja funcionando. Inclusive existe um problema grave quando não há morte cerebral, mas a pessoa não consegue se comunicar de maneira alguma. Isso é o que chamamos de *lockdown*, um fenômenos raríssimo que foi ilustrado num episódio do seriado *House*, em que um aparelho era capaz de ler os pensamentos do paciente. No entanto, esse aparelho exato ainda não existe.

como se comportar a partir de seus estados mentais e cerebrais. Se necessário, você pode até mesmo ensinar ao cérebro qual é a reação mais adequada.

Por exemplo, se o colega que não realizou a tarefa o incomoda profundamente, você tem duas opções: julgar a pessoa como ineficiente de imediato ou investigar o que fez com que ele não entregasse a tarefa a tempo. Às vezes, podemos só reconhecer nossas limitações e pensar: *Não sei o que aconteceu, então vou perguntar o que houve e se posso ajudar.* A pergunta que se coloca, então, é: "Como mudar uma atitude automática?".

Antes de responder, vou pedir que você pense em um(a) atleta. O que ele ou ela faz para se tornar especialista em seu esporte? Treino. Treino, treino e *mais* treino. "Ah, mas essa pessoa nasceu com talento natural!", você pode dizer. Pode ser, mas talento não é nada se não for desenvolvido. O medalhista Michael Phelps, conhecido por ter um corpo ideal para a prática de natação, também é conhecido por seus treinos rigorosos.[8] O mesmo acontece com pianistas, tenistas, grão-mestres de xadrez, jogadores de vôlei, basquete, futebol. Eles treinam sempre, muitas vezes, todos os dias.

É claro que viemos ao mundo com alguns comportamentos prontos, como desviar a cabeça de uma pedra. No entanto, nossas maiores dificuldades residem em comportamentos inadequados que, geralmente, são cristalizados pela nossa cultura – familiar, escolar, organizacional, entre outros. São esses que devem ser o foco da nossa atenção. Eles foram adotados sem questionamento, como se fossem inerentes, e não reforçados por valores culturais. Por exemplo, em sociedades latinas, a palavra verbalizada pode ser tão rápida quanto desviar a cabeça de uma pedra. Em algumas culturas asiáticas, o silêncio é bem mais comum. Para refletir sobre isso, desafio que você faça o quiz abaixo e identifique quais comportamentos são mais naturais e os que são mais culturais.

Quais dos comportamentos abaixo são mais naturais e quais são mais culturais?		
Comportamento	Cultural	Natural
1. Desviar a cabeça de uma pedra vinda em sua direção.		✓
2. Comer quando está com fome.		
3. Gritar quando leva susto.		
4. Ter medo de um animal.		
5. Chorar quando está triste.		
6. Reconhecer que o céu é azul.		
7. Somar 2 + 2.		
8. Pedalar.		

O gabarito está no fim do capítulo. Mas já deu para sacar que há muita coisa que nós aprendemos. E como? Treinando, é claro. Seja por meio do dever de casa ou da paciência daqueles que criaram você, há muito conhecimento adquirido – mais do que você imagina. **Da mesma forma que lhe foram ensinados símbolos e cálculos matemáticos, você pode aprender a ter posturas mais equilibradas perante a vida e as pessoas.**

Pensando nos extremos

Há várias formas de pensar. O que nos ajuda é conhecer melhor as formas extremas: o rápido – que vimos brevemente – e o devagar. Discriminar uma da outra nos ajuda a planejar pensamentos melhores. Se um pensamento está rápido demais, é possível desacelerá-lo. Se está muito devagar, dá para acelerá-lo.

Vamos supor que você esteja lendo este livro em papel e o deixe aberto ao fazer uma pausa. Depois, ao deparar novamente com ele, reconhece imediatamente que se trata do livro que estava lendo minutos atrás. Se você estivesse em qualquer outro lugar e encontrasse outro livro aberto, saberia imediatamente que se trata de um livro. Mas, ao olhar para este em especial, você sabe que se trata do objeto livro e de um livro específico. Junto com o reconhecimento, surge a pergunta: "Continuo lendo agora ou não?". Simples, certo?

Na verdade, a decisão entre ler ou não, assim como optar ou não por uma barra de chocolate, pode ser crucial. Suponhamos que você esteja atrasado com seu trabalho: optar pela leitura pode ser uma fuga. Agora, se uma pessoa que precisa, por questões de saúde, de uma dieta com restrição de açúcar e gordura escolher a barra de chocolate, essa não pode ser considerada uma boa decisão. Dessa vez, pense em alguém que quer comprar uma casa e precisa de um financiamento. Essa pessoa não tem dúvidas sobre o imóvel: é a casa que buscava. Contudo, precisa avaliar as diferentes opções de financiamento. Se ela não entende nada sobre o assunto, terá que procurar um especialista ou, ao menos, amigos com um maior entendimento da área. Qual é a diferença entre você, que está dividido entre ler ou não, e a compradora que precisa de um financiamento?

A diferença é o gasto energético. E esse gasto se expressa no tempo. Em outras palavras, calcular se podemos ou não optar por pegar um livro ou uma barra de chocolate é mais rápido e, portanto, *gasta menos* energia do que calcular qual financiamento é mais vantajoso, uma atitude mais lenta e penosa. Veja que aqui energia não tem nada a ver com espiritualidade, e sim com metabolismo. O alimento básico do nosso corpo é a glicose, um tipo de açúcar que produz energia celular e nos possibilita realizar trabalhos, como andar, comer, respirar; enfim, viver. E o metabolismo de glicose é crucial para o bom funcionamento do cérebro, nosso órgão que demanda metade de toda glicose do corpo.[9] Note que é importante buscar glicose em fontes saudáveis e evitar o seu excesso, pois a qualidade e a quantidade podem afetar o metabolismo, como ocorre com quem tem diabetes, anorexia, bulimia, obesidade, por aí vai.

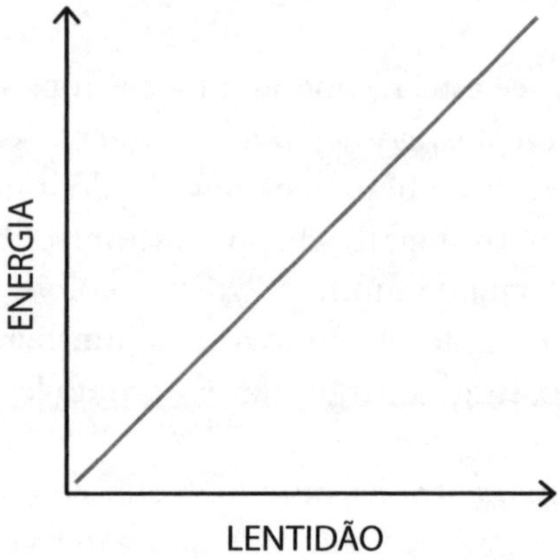

O gráfico representa a ideia de que, quanto mais tempo for preciso para processar um pensamento – ou seja, quanto maior for sua complexidade –, mais lento ele se tornará e, consequentemente, mais glicose será necessária. Geralmente, quanto mais energia for precisa, mais tempo vai me custar a pensar.

É bem verdade, no entanto, que podemos gastar muita energia num curto espaço de tempo. Lembro-me de quando me mudei para Chicago e, apesar de já ser fluente em inglês, chegava exausta em casa depois de um dia de trabalho no laboratório! Não só sonhava em me deitar na cama, mas sentia que precisava ler alguma coisa em português. Como sempre fui mais vespertina, era estranho me sentir tão cansada logo cedo. Por que será? Porque estava imersa numa língua que não era a minha. Logo, meu cérebro demandava mais energia para processar o inglês do que o português – por mais que eu não notasse. Consequentemente, minhas reservas de energia eram gastas mais rápido do que no Brasil, pois eu ainda não era tão fluente em inglês quanto em português. Demorou algumas semanas para que eu finalmente me adaptasse. Ainda assim, *grosso modo*, **quanto mais complexa for uma tarefa ou um pensamento, mais energia e mais tempo o seu cérebro gastará para realizá-lo.**

O cérebro como uma conta bancária

Deu para notar que o funcionamento do cérebro não é ideal para os desafios da sociedade de hoje. Por isso tomamos decisões de maneira rápida quando deveríamos dedicar mais esforço: quase sempre, isso também significa gastar mais tempo. Até aqui, estamos falando de decisões feitas uma a uma, porém pense em fazer escolhas simultâneas. Tem como?

Claro que não. Mesmo aqueles que acham que fazem boas escolhas simultâneas não o fazem. Uma será boa; e o resto, chute. Ser multitarefa é uma ilusão. Somente as decisões automatizadas podem ser tomadas ao mesmo tempo. Você pode levantar o braço enquanto caminha, mas dificilmente conseguirá decidir qual é o melhor financiamento de uma casa enquanto escolhe um presente de aniversário para uma amiga.

É muito fácil entender o porquê: basta pensar no seu cérebro como uma conta bancária. Ele tem um saldo limitado. Logo, ao longo do dia, **você precisa decidir como alocar sua energia tal como decide com o que gastar seu dinheiro**. E, é claro, precisará reabastecer suas energias quando necessário.

Extrato cerebral		
Horário	Histórico	Saldo
	Saldo ao acordar	+70
08h30	Café da manhã	+70
09h00	Reunião de trabalho	-70
10h00	Lanche da manhã	+70
11h00	Problema com colega	-120
12h00	Almoço	+100
14h00	Videoconferência	-100
18h00	Fim do expediente	+20

O rótulo que nada explica e em nada ajuda

Quantas pessoas que se candidatam a uma vaga e são dispensadas antes da entrevista poderiam ser a melhor pessoa para ocupar aquela posição? Ou, se são entrevistadas, são dispensadas por causa de sua aparência? Com frequência, o entrevistador – seja de recursos humanos ou da área que está contratando – avalia um grupo de candidatos a partir de pouquíssima informação.

Há dois efeitos[10] por trás disso. Um se chama efeito *halo* (efeito auréola), que é a influência positiva que determinado grupo de características pode causar num sujeito.[11] O seu contrário é o efeito *horn* (efeito chifre), ou seja, quando a influência é negativa. Muitas vezes, essas características têm a ver com você. Explico: quando sentimos inveja, por exemplo, significa que a pessoa invejada possui muitas características que gostaríamos de ter. Nesse caso, nós nos ressentimos dela por ter características desejáveis, o que faz que a avaliemos negativamente.

Pense na seguinte situação: você rapidamente bate os olhos em alguém pela primeira vez e parece ter uma ideia muito clara de quem a pessoa é. Agora, imagine que você é um recrutador e está vendo um candidato pela primeira vez. Num piscar de olhos, você já tem uma impressão dele. Então reflita: você já se enganou por um efeito *halo* ou *horn*? Se você for aluno, pode facilmente se enganar ao avaliar um professor[12] e, se for eleitor, ao escolher em quem votar,[13] entre outros. Aliás, o quesito beleza é um dos atributos mais prevalentes do efeito *halo*, e presente em todas as culturas.[14]

Qual é o aprendizado, então? **Precisamos saber que produzimos uma série de pensamentos automáticos que estão por trás de julgamentos estereotipados e, assim, rotulamos pessoas e eventos de maneira que nem sempre coincide com a realidade.** Talvez você até já saiba disso. Porém, agora que não vivemos mais na selva, precisamos aprender a reconhecer esses comportamentos e lidar melhor com eles.

Aprenda a controlar a língua e o olhar

Como tomar decisões melhores, evitando escolhas automatizadas, baseadas em preconceitos? Vamos por etapas. A primeira é que você não vai parar de estereotipar os outros simplesmente porque aprendeu como sua mente funciona. Seria fácil demais. É possível? Sim, mas com muito treino. A segunda etapa é, portanto, mais difícil: eduque a língua e o olhar, ou seja, pense duas vezes antes de abrir a boca e não julgue com os olhos.

Em outras palavras, em vez de pensar: *Ah, não posso julgar ninguém!*, ou de sair apontando dedos para os outros e exclamando "Você está julgando!" ou "Você não pode julgar", foque em você (como falamos no capítulo 1) e substitua esses imperativos por algo como: "Tenho que segurar minha língua!" e "Preciso controlar meu olhar!". Se é verdade que o cérebro não consegue evitar uma opinião precipitada, faça sua língua ou seu olhar deixarem de anunciá-la ao mundo inteiro. Nem sempre o que achamos que é correto ajuda no desenvolvimento de outras pessoas – nem no nosso. Opinião é algo que pode ser útil, mas, em geral, só quando se pede.

Para ganhar o controle nessas situações, é preciso fazer uso do famoso "respire fundo" ou "conte até dez". Qualquer uma dessas atitudes pode alterar o curso de uma ação, evitando palavras ácidas ou olhares de desprezo. Alguns falam o que pensam rápido demais, num reflexo direto de estereótipos, não importa se estão sendo sinceros ou cínicos. Outros não falam, mas deixam claro o que estão pensando com o olhar e expressões faciais, que podem ser tão fulminantes quanto uma fala cruel.

No capítulo anterior, vimos como nós muitas vezes não vemos o que existe e vemos o que não existe. Por isso, precisamos questionar rótulos automáticos,[15] o que demanda esforço e tempo. Devemos sair de um extremo, o rápido demais, e desacelerar o pensamento. A depender das situações, é provável que a gente fique em algum lugar no meio.

Para exemplificar, vamos voltar para o recrutador de recursos humanos. Compare o esforço necessário para ele questionar sua leitura inicial de uma candidata e de uma vendedora na padaria em que toma café da manhã. Ele não terá o futuro da vendedora nas mãos. Portanto, se fizer qualquer tipo de julgamento – "Como é antipática!" –, provavelmente não haverá grandes consequências. No caso da candidata, a história é outra – ela pode conseguir um emprego ou não. É aí que entra a consciência dos julgamentos estereotipados, rápidos demais, que não levam em consideração possíveis equívocos. Às vezes, é preciso levantar a dúvida – "Por que estou achando isso *desta* pessoa?" – e chamá-la para uma nova entrevista, num outro dia, a fim de confirmar a impressão ou não. No caso de um currículo, decisões são tomadas por uma foto ou um endereço. Por isso, em países como os Estados Unidos, a apresentação de currículo não deve incluir foto, idade, gênero, estado civil, nacionalidade. Infelizmente, os recrutadores buscam pistas para tentar identificar esses atributos, como o local onde o candidato estudou ou o seu nome, que pode apontar para um determinado grupo étnico, socioeconômico, etc. Mesmo assim, só de trazer essa dificuldade, um processo seletivo pode se tornar mais justo.

Quer ver um caso clássico de estereótipos? Encontros. Com certeza você consegue se lembrar de um primeiro *date* com alguém em que pensou bem ou mal da pessoa só pelas roupas ou jeito de falar. Como, então, você pode controlar a boca e o olhar para não perder alguém que seja um partidão?

Identifique os estereótipos que você usa para categorizar as pessoas

Quando conhecemos uma pessoa pela primeira vez, é normal procurar pistas para saber mais sobre sua vida. Em geral, confiamos muito na aparência, então tome cuidado com roupas, gestos e até mesmo a maneira como ela fala. Você pode estar se apegando àquilo que não é tão relevante e deve se perguntar se essas coisas realmente apontam para características importantes, como caráter, lealdade ou respeito, ou desviam sua atenção do que importa.

Agrupe seus estereótipos em efeito halo *ou efeito* horn

Agora que você sabe o que o leva a criar julgamentos, o que tende para um julgamento positivo e o que tende para um negativo? Por exemplo, talvez você ache que o número de diplomas seja indicativo de inteligência, mas sabemos que, neste mundo, há pessoas ignorantes com Ph.D. e outras com menos estudo que são brilhantes.[16] Todo mundo valoriza características diferentes, e é preciso saber quais são as que, para você, têm maior propensão a gerar equívocos.

Não perca a chance de se calar

Como tudo isso exige autoconhecimento e muito treino, é bem possível que sua mente saia criando julgamentos a torto e a direito, por isso tente não demonstrá-los. Busque ter uma postura mais aberta. Na dúvida, não expresse o que pensa e não tire satisfações. Tome um tempo para refletir e busque conhecer alguém melhor antes de chegar a conclusões definitivas.

É importante notar que nossa espécie evoluiu fazendo leituras rápidas e, portanto, elas podem ser úteis.[17] Mas a sociedade se desenvolveu muito mais rápido do que nossa evolução pôde acompanhar. Atualmente, essas leituras com muita frequência podem ser equivocadas. Isso significa que você terá que fazer esse exercício com todas as pessoas que encontrar, em todas as ocasiões? Não, é impossível. E já sabemos o porquê: não temos energia cerebral o suficiente. Então, assim como podemos escolher com o que vamos gastar nossa energia – lembre-se do extrato bancário –, também **podemos escolher quando e com quem vamos fazer o esforço de levar o pensamento do rápido para o devagar.**

Como tomar uma decisão num piscar de olhos

Acho que já deu para perceber que tomar uma decisão num piscar de olhos pode ser equivocado ou desastroso. Em geral, as pessoas se lembram dos poucos acertos de suas intuições e ignoram – consciente ou inconscientemente – os milhares de vezes que se engaram. A matemática é de poucos acertos para muitos erros, mas há quem prefira não aceitar a dura verdade e continuar tomando decisões sem pensar. Certa vez eu tive um mau pressentimento e tentei encontrar um professor para me substituir. Não consegui e não pude cancelar minha aula. O mau pressentimento era falso, e eu soube disso apenas porque não encontrei um substituto e fui dar aula. Há também os que acham que pararam e dedicaram tempo para refletir sobre a escolha de fato; logo, tomaram uma boa decisão. No entanto, colecionam intuições em vez de escolhas baseadas em verificações.

Por exemplo, alunos que assistem aos minutos iniciais de um curso dão, em média, a mesma nota que alunos que assistiram ao curso todo. O que isso significa? Que basta ter um flash do curso para saber quão bom ou ruim ele é? Muitos vão dizer que sim, mas, como você já deve estar pensando, é mais provável que seja o poder dos efeitos *halo* e *horn*.[18]

Contudo, em uma ocasião há chances de você se dar bem ao tomar uma decisão num piscar de olhos. Os especialistas fazem com muita rapidez o que os não especialistas podem fazer, se conseguirem, com muito mais tempo. O melhor exemplo disso são os grão-mestres de xadrez. Eles jogaram tanto, desde pequenos, que desenvolveram sua aptidão para o jogo. Memorizaram posições possíveis – como padrões de xeque-mate – ao estudar jogos do passado e conseguem ler o tabuleiro como quem lê uma frase. Tanto é que uma das disputas mais populares nos campeonatos mundiais se chama *bullet*.* Nessa modalidade, cada jogador pode ter até um minuto para realizar a próxima jogada, ou seja, deve ser tão rápido quanto uma bala na tomada de decisão.

Então, você tem maiores chances de fazer boas escolhas rápidas nas áreas em que é um especialista. E, ainda assim, como nos ensinam os grão-mestres, há bastante espaço para *blunder*, ou seja, mancada. Se você, de fato, não quer mais se arrepender de como se comporta com alguma pessoa que o irrita muito, precisará de muito treino para se tornar um especialista na sua relação com esse indivíduo em especial. Porém, como temos comportamentos extremamente enraizados, quanto mais cristalizados forem, mais treino será necessário.

Em alguns casos, treinaremos a vida toda. Para ilustrar, eu sempre terei que treinar para não perder a cabeça com telefonemas burocráticos para cancelar um serviço, negociar uma taxa de cartão de crédito, trocar o meu plano de celular, por aí vai. Se eu tivesse que fazer isso todos os dias teria que treinar *muito* a fim de não me alterar. Como raramente preciso fazer um telefonema desse tipo, não me exercito tanto. Preciso ter essa consciência quando faço esse tipo de ligação. E estar sempre alerta. Já melhorei um bocado e tenho uma ideia melhor do que preciso para não me estressar. Sei que, antes, preciso dormir e comer bem para, no mínimo, ter um pouco mais de autocontrole. Ainda assim, é necessário muito cuidado e atenção – como mostra aquele vídeo hilário do Fábio Porchat, "Judite – estaremos fazendo o cancelamento" no canal Porta dos Fundos.

A mudança de comportamento exige antecipação. A fim de poder reprogramar sua postura, é preciso saber ao que você estará exposto para, então, ficar atento ao momento, respirar fundo ou contar até três, sabendo o que deve ser feito, como falar com calma ou permanecer em silêncio. Relembre essas situações e concordará comigo que elas são previsíveis; raramente você foi pego de surpresa.

---

* Em inglês, *bullet* significa bala. É o nome dado para a modalidade relâmpago, em que os jogadores possuem pouco tempo para fazer sua jogada. (N.E.)

Tire um tempo para listar o que causa desequilíbrio e o que você pode fazer para mitigá-lo	
O que me tira do sério	O que me acalma
1. Telefonemas burocráticos	1. Noite bem-dormida e estômago cheio
2.	2.
3.	3.
4.	4.
5.	5.
6.	6.
7.	7.
8.	8.
9.	9.
10.	10.

Focando a mente

Quando estamos atentos, conseguimos antever que a situação se complicará e, com isso, temos tempo para nos controlar. Então, quando unimos a atenção com a repetição, ganhamos mais autocontrole.

Se você está muito cansado, sua capacidade de observar e raciocinar fica alterada. O cansaço afeta nossa capacidade de prestar atenção, o que, por sua vez, dificulta ou impede que antecipemos uma situação. Aqueles que acham que o cansaço não gera efeitos negativos, ou até pode ser bom, estão negando o problema ou, talvez, estejam extremamente motivados. O estresse agudo pode até ser superado, pois o cérebro rouba energia de outras partes do corpo nesse caso. Já o estresse acumulado (intitulado como crônico) é o pior inimigo da atenção e do pensamento.[19] Por isso, é muito importante se recuperar de eventos ou períodos estressantes. O cansaço pode, em algumas circunstâncias, ser superado com força de vontade.[20] Contudo, é preciso tomar cuidado: o mundo corporativo e o cinema hollywoodiano nos fazem acreditar que a força de vontade é mais poderosa do que realmente é.

De todo modo, se eu estiver com fome e com dor de cabeça, a minha capacidade de processar os detalhes de um evento vai ser prejudicada; logo, minha habilidade de pensar e tomar decisões também. Mais que isso, lembra-se do *top-down* e *bottom-up* do capítulo anterior? O cansaço pode afetar nossa atenção dirigida ao autocontrole, o que podemos chamar de estímulo interno, e nos direcionar a estímulos externos,[21] ou seja, à perda do autocontrole. Em contrapartida, se eu estiver me sentindo bem, alimentada e descansada, provavelmente terei maior facilidade de observar um evento ou fazer escolhas melhores. Lembra-se de que conversamos sobre o extrato cerebral e a importância da glicose? Repare que, de novo, não podemos cometer exageros. Estar alimentada não significa comer demais. E, como a alimentação nos ajuda a nos recuperar de estresse, muitas vezes comemos mais do que precisamos.[22] Se tomarmos cuidado e identificarmos o que nos estressa, buscaremos nos alimentar direito, dormir e nos exercitar. Em retrospectiva, percebemos que o estresse foi suportável. Do contrário, trilhamos o caminho em direção à exaustão ou até mesmo ao *burnout*.

Não é apenas o cansaço ou estresse: os estados negativos também são debilitantes. Além disso, o estresse pode provocar um estado negativo ou vice-versa.[23] Quanto maior a carga cognitiva de uma tarefa, mais energia cerebral ela exige. Por isso, uma postura positiva funciona como energia para o cérebro; já uma postura negativa, como um dreno. Estados negativos, como ansiedade ou depressão, consomem *muita* energia cerebral, funcionando como eventos estressantes; consequentemente, reduzem os recursos cognitivos disponíveis para prestar atenção nas demais atividades.

A ansiedade pode se instalar por diversos motivos, como numa prova. Quem nunca teve um branco durante um exame? Para realizá-lo, usamos nossa atenção, também conhecida por memória de trabalho, e muitas vezes o famoso "branco" é resultado de ansiedade, que rouba a capacidade atencional. Escrever sobre os tópicos estudados ajuda a evitá-lo. Por exemplo, antes de uma prova de geometria, o aluno que confunde seno com cosseno pode escrever: "O seno de um ângulo é o cateto oposto sobre a hipotenusa", o que equivale a fazer uma cola sem precisar dela, contanto que sejam preocupações relacionadas ao conteúdo da prova, não preocupações aleatórias.[24] Ao fazer isso, os conteúdos ficam disponíveis e mais acessíveis em nossa memória. Isso ajuda a entender por que alunos que estudam e sabem o conteúdo tiram notas mais baixas do que deveriam. Agora você deve estar se perguntando: *Devo escrever à mão ou digitar?*[25] Parece que escrever à mão pode ser mais eficaz, visto que é mais multissensorial que digitar, mas eu arrisco dizer que muitos estudos ainda serão publicados e podemos nos surpreender com os resultados.[26]

O mesmo vale para o autocontrole. **Em situações difíceis que exigem uma tarefa de carga cognitiva pesada, é preciso focar a mente.** Como estados negativos diminuem a capacidade atencional, eles também reduzem o autocontrole. E isso é válido para os sentimentos negativos em geral.

Recapitulando brevemente o que vimos no capítulo 1, os sentimentos são interpretações das emoções, e, para formulá-los, precisamos da razão. Podemos pensar que a emoção, o sentimento e a razão são três personagens da nossa mente. Se o sentimento é o resultado da interpretação que a razão faz da emoção, ele é a ponte entre uma e outra.

Diante disso, está vendo como é bom que não sejamos um *Homo economicus*? Ser apenas racional não nos levaria a melhores escolhas. É mais benéfico sermos *Homo sapiens*, porque a sabedoria reside também em nossos sentimentos – nossa cognição não separa emoção de razão. Com tanta evidência científica, **quem sabe agora consigamos rever os pilares da sociedade, ensinando e exigindo que se supere a polarização da razão *versus* emoção para, de fato, nos tornarmos ainda mais *sapiens*.**

Conheça a si mesmo

1. Nosso mecanismo de tomada de decisões é falho, porque não é perfeitamente racional. O que não é ruim.
2. Isso significa que temos que analisar como nosso cérebro lida com as falhas para evitar situações inapropriadas ou mal-estar.
3. A primeira lição é que, com frequência, você toma decisões de maneira rápida e automática, muitas vezes responsabilizando o outro por aquilo que afeta você.
4. A segunda é que, como vários outros conhecimentos adquiridos, você pode aprender a fazer escolhas melhores e até mesmo automatizar novos comportamentos.
5. Porém isso demanda energia. E não é possível despender energia para reprogramar e cristalizar novos comportamentos em relação a todas as pessoas e situações.
6. Você deve pensar no seu cérebro como uma conta bancária. Cada ação e pensamento pode dar ou tirar energia. Ao longo do dia, você vai escolhendo o que vale mais ou menos a pena.
7. Não é possível evitar ter pensamentos rápidos e automáticos – sejam eles reflexos ou até mesmo estereótipos. Mas você pode escolher como lidar com eles e, em especial, como os comunicar para o mundo.
8. Como produto da nossa evolução, fazemos escolhas que são, muitas vezes, frutos do efeito *halo* e do efeito *horn*. Como nossa sociedade se desenvolveu mais rápido que nossa genética, faça o exercício de identificar as características que você costuma julgar de maneira positiva ou negativa rápido demais. Treine para que novas formas de reagir e pensar se tornem automáticas.
9. Estados mentais negativos, como ansiedade, depressão e medo, roubam muita energia do seu corpo e do seu cérebro. Por isso, é muito importante notar o que está fazendo mal para que você possa focar a sua mente naquilo que é importante.

Resultado do quiz (página 80)

2. Natural. **3.** Cultural. **4.** Natural. **5.** Natural. **6.** Cultural. **7.** Cultural. **8.** Cultural.

5

Muito mais que um ponto cego

Todo mundo tem um ponto cego – ou melhor, dois: um em cada olho. Não percebemos sua existência. Se você tem apenas um olho aberto e a imagem inteira de um objeto for projetada nessa retina, justamente na parte em que não há células que processem essa informação, você não verá o objeto. Por isso, trata-se de um ponto cego. Toda luz que processamos em nossa retina caminha para dentro de nossa cabeça, mas, nesse ponto, não processamos a luz que bateu ali. Contudo, não percebemos que o ponto cego existe, pois nosso cérebro completa a imagem que cai nele.[1] Quer ver?

Olhe para a imagem a seguir. Tampe o seu olho esquerdo e foque na cruz. Aproxime-se da página e veja o que acontece. Em algum momento, a imagem da bolinha desaparecerá por completo.

No dia a dia, notamos outro tipo de ponto cego quando levamos um susto com algo que não tínhamos visto, como quando um motoqueiro surge do nada num dos retrovisores do nosso carro. Nesses casos, o motoqueiro estava dentro do nosso campo visual, mas "escondido", e não foi projetado em nenhuma de nossas retinas. O problema é que o susto pode ficar por isso mesmo ou causar um acidente. Temos, portanto, no mínimo dois espelhinhos ao dirigir e, ao levá-los em conta, diminuímos a chance de nos assustarmos – o que aconteceu comigo várias vezes, e provavelmente com você também.[2]

Assim como nos olhos, **temos um ponto cego nas decisões que tomamos: o viés.** Em cada uma de nossas escolhas, há vieses dos quais não estamos conscientes e que podem prejudicar os outros ou a nós mesmos.

Mesmo que não saiba nada sobre estatística, seu cérebro ajuda você a tomar decisões baseando-se nela, seja para atravessar ou não uma rua, levantar-se ou não da cama, comprar ou não uma blusa, o que for. O mesmo vale para as emoções e os sentimentos, porque eles são apostas do corpo e do cérebro. Como vimos no capítulo 3, para cada aposta, o cérebro leva em conta um banco de dados composto por nossas experiências. Baseado nele, apostamos sobre as outras pessoas e, principalmente, sobre o que farão ou como estão se sentindo.

Essa estatística, conhecida pelo nome de heurística, funciona bem na maioria das vezes, mas, quanto mais formos sujeitos a um viés, mais as apostas do cérebro serão influenciadas por ele. **Para evitarmos vieses que nos levam a cometer erros e fazer escolhas equivocadas, precisamos desconstruí-los e criar novos pensamentos, novos sentimentos e novas posturas que nos ajudarão a tomar decisões melhores.**

Em geral, gostamos do que entendemos e, se não gostamos, com frequência é porque não entendemos nada. Isso é válido para muitas coisas, desde um filme até um trabalho. Quando você estava na escola, não havia uma matéria que você detestava porque tirava notas piores, mas outra que amava porque a compreendia bem? O cérebro tende a preferir o que é mais fácil. Acontece que, às vezes, ele nos leva a *achar* que entendemos alguma coisa quando a realidade é diferente. Por exemplo, ao ler estas páginas, você está aprendendo mais sobre o funcionamento da sua mente e pode correr o risco de achar que sabe muito sobre si mesmo – consequentemente, estaria apto para analisar os outros. Afinal, como você já aprendeu muito sobre a *sua* mente, e o cérebro tem predileção por facilidade, é mais fácil *achar* que também entende as *outras* pessoas do que fazer o esforço de conhecê-las.

Por que erramos?

Se os vieses nos levam a erros com frequência, mas não sempre, por que eles existem? Para entender a origem deles, precisamos pensar na vida de nossos ancestrais. No tempo das savanas, eles precisavam buscar alimento e, ao mesmo tempo, identificar predadores, como um tigre. Assim, identificar um tigre onde não existia (o que chamamos de falso positivo) não era um problema, mas não identificar o tigre (o que chamamos de falso negativo) era, certamente, o fim.

Agora pense comigo: você é cria de qual ancestral? O falso positivo ou o negativo? Você já sabe a resposta: dos ancestrais que cometeram muito falso positivo para situações de perigo. Os ancestrais que cometeram falso negativo não se reproduziam ou, se já tivessem se reproduzido, diminuíam a chance de sobrevivência de sua cria. Bastava um falso negativo para morrer nas garras de um predador, ao passo que muitos falsos positivos não afetariam a sobrevivência.[3]

Carregamos a herança dessa época, que pode nos ajudar a navegar pela vida, ainda que identifiquemos perigo onde não há. Mas essa herança está na origem dos nossos vieses, que nos fazem ler as pessoas e coisas de forma reducionista e, muitas vezes, equivocada, como vimos no capítulo 3, estereotipando e rotulando sem perceber. Essa maneira de pensar causa estragos, desde alunos que "acham" que estão avaliando um professor pelo conteúdo[4] a promotores que acusam e juízes que condenam um suspeito injustamente porque têm "convicção" de que é culpado.[5]

Numa sociedade que, em tese e em muitas instâncias, é baseada em conhecimento científico, mas marcada por inúmeros vieses individuais e coletivos, ainda há constantes ondas de achismo – opiniões que podem ter até algum fundamento, mas não são verificadas e validadas como verdadeiras. Por quê? Não gostamos de sofrer. Se a realidade é dolorida, buscamos com afinco alguma realidade alternativa que nos cause menos sofrimento.

Se não estamos atentos aos vieses, somos facilmente presas deles. E, ainda quando os conhecemos, continuamos sujeitos a sermos suas vítimas. Por isso, deveríamos ensinar às crianças como a mente funciona. **Quanto antes aprendermos sobre os vieses, maiores serão as chances de sermos bons policiais do nosso próprio comportamento.**

Voltando à origem dos vieses, parece que eles surgiram porque traziam a possibilidade de nos proteger, mas seu subproduto pode ser o oposto. É assim que nascem os achismos. Questionar uma informação é fácil, mas checar se ela é verdadeira ou não é muito difícil. O melhor exemplo disso é o viés da confirmação, que permeia quase todas as nossas relações. Note como podemos facilmente identificar sua presença numa conversa, porque, aí, há o "meu viés", o "seu viés", o "nosso viés" e o "viés deles". Basicamente, ele é um advogado atuando em causa da própria crença. Eu tendo a confirmar aquilo que penso sobre o mundo de maneira que tudo o que eu busco vem a confirmá-lo. O viés da confirmação é bem óbvio, por exemplo, em pessoas que acham que o mundo conspira a seu desfavor. Tudo o que acontece ou qualquer atitude alheia serve para lhes fazer mal. Outro exemplo é a discussão sobre vacinas. Alguém antivacina pode defender seu ponto de vista com exemplos de pessoas que ficaram doentes mesmo depois de imunizadas. Contudo, não se informam ou rejeitam a informação de que a vacina, em geral, funciona como um atenuador, e não um bloqueador. Por isso, se não aceitamos nossas próprias falhas de raciocínio, não estaremos aptos a assimilar uma nova evidência. Se não questionarmos nossas crenças, não perceberemos nosso funcionamento lógico.

Quando recebemos uma informação (vamos supor que seja verdadeira) que contradiz nossa expectativa, ela gera surpresa e, depois, aceitação ou negação. A passagem da negação para a aceitação pode levar segundos, minutos, meses ou até anos. Um dos exemplos mais irônicos de negação persistente foi o do cientista Linus Pauling, ganhador do Nobel de Química em 1954 e do Nobel da Paz em 1962, que faleceu aos 93 anos acreditando na eficácia da vitamina C como agente curador de câncer, mesmo diante da ausência de evidências científicas e depois que a sua esposa morreu de câncer no estômago apesar de tomar a vitamina. Pauling se manteve extremamente fiel ao "seu viés".

Há outros tipos de vieses. Já conhecemos dois deles: o efeito *halo* e *horn*, que vimos no capítulo anterior. Conheceremos outros, como o efeito de ancoragem, do qual falaremos adiante, que afeta o poder de barganha ao negociar a compra de uma casa, por exemplo.[6] Também são dignos de nota outros vieses por erro de associação, como o de gênero, raça ou status, mais conhecidos como viés de estereótipo, que é um erro perceptivo criado a partir de falsas premissas.[7]

Outro que você talvez conheça, mas nunca tenha notado, é o viés da disponibilidade, que se expressa na percepção, atenção ou tomada de decisão. Quando acompanhamos o noticiário, somos impactados por muitas notícias ruins, pois elas são privilegiadas pela mídia, o que gera uma tendência a perceber tragédias com mais frequência. Por exemplo, se você lê que a criminalidade aumenta toda hora, passará a notar todas as ocorrências de crimes que aparecerem em meios de comunicação ou em conversas com amigos, ampliando a ideia de que o crime corre solto, independentemente de as estatísticas comprovarem isso ou não. Nós superestimamos a probabilidade de um evento ocorrer, porque ele está mais saliente na memória ou possui alto conteúdo emocional.[8]

Há também o viés da familiaridade, que pode ser oriundo do efeito *priming*, que vimos no capítulo 3, ou de uma exposição continuada que faz algo se tornar familiar. Nas eleições, políticos trabalham para ter um amplo orçamento de campanha, porque, quanto mais forem vistos em programas, redes sociais e comícios, mais se tornarão familiares aos eleitores, aumentando as chances de receber mais votos.

Você talvez ache curioso que haja algo chamado viés interoceptivo, um tipo que diz respeito a erros de percepção do mundo exterior causados por condições interiores.[9] Lembra-se de que falamos da importância da interocepção no capítulo 1? Por exemplo, juízes podem emitir sentenças diferentes se estão mais ou menos cansados.[10] O cansaço é uma das condições internas que gera sentimentos negativos, os quais, por sua vez, podem dificultar nossa percepção e causar erros de todo tipo, inclusive influenciar a maneira como lemos as atitudes de outras pessoas.

Há outro exemplo de viés importante, do qual se fala muito:[11] a dissonância cognitiva sobre visões, valores ou ideias conflituosas presentes em algum ato, empresa, parceiro etc. Há muito o que falar sobre este tópico, mas a ideia geral é a seguinte: todos nós temos contradições, em outras palavras, ideias incoerentes, e é a isso que chamamos de dissonância cognitiva. Para acabar com a contradição, teríamos que mudar de ideia, o que demandaria muito esforço. Então, em vez disso, com menos esforço, criamos narrativas que justificam nossos atos ou pensamentos, gerando uma conciliação aparente. Por exemplo, um marido abusivo, quando questionado, pode se justificar dizendo que a esposa "mereceu" uma determinada agressão.[12]

E quando acontece algo que não antecipamos, mas, ao analisar o evento em retrospectiva, afirmamos que "sabíamos" que ia acontecer ou "sentíamos no âmago que aconteceria"? Trata-se do efeito *hindsight*. Recentemente, soube do suicídio do filho de uma conhecida, e um de seus colegas disse que isso aconteceria mais cedo ou mais tarde. Comentários desse tipo são comuns em tragédias, inclusive nas coletivas, como o Onze de Setembro, a crise econômica de 2008, entre outros.[13]

A lista de vieses não para por aqui e pediria um livro inteiro sobre eles.

O mundo não é o meu quintal

Para mim, o viés mais importante para nos atentarmos é o da confirmação, porque somos todos vítimas constantes dele. Lembre-se das manchetes ou posts do seu feed de alguma rede social. Se uma manchete ou postagem confirma sua crença, você a compartilha sem checar? Provavelmente sim. Mas, se ela contradiz sua intuição ou visão de mundo, é provável que a rejeite sem ler, ou, então, busque desacreditá-la.

Cientistas também podem ser vítimas desse viés e, assim, inconscientemente, ser influenciados por suas crenças em todas as etapas de sua pesquisa. Por isso, você já deve ter percebido que, cada vez mais, os estudos clínicos vêm sendo realizados em duplo-cego. Assim, nenhum pesquisador pode saber a que grupo pertence os voluntários. No caso de estudos com um novo medicamento, um dado voluntário pode estar tanto no grupo que recebe o fármaco como no que recebe placebo. Essa exigência visa minimizar o viés da confirmação dos pesquisadores na avaliação, por exemplo, de sintomas.[14] Esse viés também está muito presente entre casais, amigos, irmãos, parentes, colegas de trabalho – permeia nossa vida cotidiana.

Os vieses funcionam como uma espécie de filtro que afeta inconscientemente nossa visão de mundo e nossa tomada de decisão. Vejamos a história da seleção de musicistas para uma orquestra. O viés sexista perdurou, e ainda perdura, mas, numa certa altura, foram introduzidas cortinas nos testes para evitar escolhas baseadas em gênero.[15] Ainda assim, há relatos de que, ao ouvir as pessoas caminhando para se apresentar, os gêneros poderiam ser identificados. Da mesma maneira, como vimos no capítulo 4, candidatos não deveriam apresentar foto nem indicar idade, raça ou estado civil nos currículos enviados a empresas. Em ambos os casos, há sempre uma apresentação final ou uma entrevista descortinada. Logo, a postura do tomador de decisão deve ser a de se questionar sempre sobre os possíveis vieses de sua escolha, que incluem gênero, idade, etnia, status, sem se restringir só a essas categorias. Quanto mais nos conhecemos, mais cortinas precisamos colocar entre nós e os outros.

A arte de levantar as âncoras

Quando vasculhamos a literatura sobre os vieses, encontramos também as heurísticas e seus efeitos, o que pode nos confundir. Já falamos um pouco de heurísticas, que são as estatísticas intuitivas calculadas pelo cérebro o tempo todo, mesmo quando não sabemos nada sobre elas. Essas apostas do cérebro podem estar enviesadas; assim, estaremos sob o efeito do viés e da heurística ao mesmo tempo. Isso tudo pode parecer complicado, mas o que interessa é entender como esses fenômenos se dão na mente.

Em geral, um determinado viés terá um efeito lógico baseado num ponto de vista, por exemplo, o viés racista, também conhecido por *own-race bias* (viés da própria raça).[16] Médicos não negros que não estejam conscientes dele costumam estar sob seu efeito ao prescreverem medicações para dor com dosagens reduzidas para negros.[17] Da mesma forma, juízes brancos determinam sentenças mais severas aos não brancos.[18]

Além de buscar cuidar da saúde de nossos relacionamentos e nos tornar mais responsáveis, entender os vieses também pode nos proteger, deixando-nos mais atentos a escolhas que possam ser prejudiciais ou não tão benéficas quanto nos parecem. Pense num produto, seja ele qual for, na gôndola de um supermercado ou num site. Muitas vezes, o preço aparece parcelado, e o valor da parcela consta em tamanho maior que o valor total e em negrito. Assim, você vê primeiro a parcela e depois o valor inteiro. Sabe por quê? Esses vendedores se utilizam do efeito de ancoragem, um viés ao qual estamos propensos e por meio do qual "ancoramos" uma decisão à primeira informação que registramos – nesse caso, o preço. Então as lojas destacam um número atrativo, que não indica, por exemplo, os juros de cada parcela, fazendo-nos pagar mais no fim das contas. Pior, sem percebermos. E por quê? O efeito de ancoragem é resultado do efeito *priming*, explicado no capítulo 3: a informação destacada é registrada primeiro e combinada com o que chamamos de ajuste insuficiente, uma tentativa mental de corrigir o valor que, de fato, corresponde à realidade – no exemplo anterior, o valor à vista e o valor total parcelado.

Não me esquecerei do dia em que, em uma farmácia dessas bem famosas de São Paulo, procurei por tubinhos de soro, desses individuais, que eram vendidos em conjuntos de cinco unidades. O preço? Cinquenta e nove centavos. Achei barato e fiquei desconfiada. Ao passar no caixa, descobri que era o preço de apenas um tubinho. Disse aos funcionários que não havia indicação do preço do conjunto, fazendo-me entender que o preço de um tubinho era na verdade o de todos os cinco. A resposta foi que era possível comprar as unidades. Disse que tudo bem e comecei a separar cada um deles. À medida que eles se rompiam, a moça do caixa foi se apavorando! O gerente apareceu e me disse que não poderia separá-los. Perguntei a ele: "Por que, então, vocês não apresentam o valor total? Que não é R$ 0,59, mas R$ 2,95". Raras são as pessoas que vão à farmácia para comprar apenas um artigo e, assim, muitas nem percebem quanto estão realmente pagando. E, ainda que notem, já foram ancoradas pelo valor da unidade. Nesse caso específico, teriam que fazer um cálculo, pois o preço total não era apresentado.

Se eu quero vender minha casa, posso pedir um valor bem alto que servirá de âncora não só para compradores, como também para os corretores. Isso acontece porque dificilmente esquecemos os primeiros números que nos foram apresentados, como se eles tivessem sido impressos em nossa mente. Um corretor ou comprador que tenha visto o preço da minha casa pode achar que o valor é muito alto e precisa ser ajustado. Porém, na sua contraoferta, é muito possível que ainda esteja sob o efeito da ancoragem e, portanto, faça um ajuste que ainda assim não represente o valor adequado àquele imóvel, alterando seu poder de barganha.[19] Compradores não locais fazem ajustes piores, ou seja, mais insuficientes, do que locais.[20] Se não prestamos atenção a isso, somos facilmente enganados e, mesmo atentos, ainda podemos nos equivocar.[21]

Agora, você já parou para imaginar o efeito de ancoragem em nossas conversas? Nesse caso, a âncora abaixada são mensagens negativas, que afundam as pessoas; a levantada, as positivas. Fazemos isso o tempo todo, consciente ou inconscientemente. Se a conversa for com crianças, podemos causar um grande estrago. Um exemplo clássico de âncora baixa é dizer a elas: "Você é bagunceira!" ou "Você me mata de desgosto". E uma âncora alta seria: "Amo você do jeitinho que é" ou "Gostei muito do que você fez". Quando as âncoras são muito pesadas, digamos assim, não conseguimos nos desvencilhar delas facilmente. E se conscientizar-se delas não resolve todos os problemas, imagine nem sequer saber que elas existem? Por isso, o dano pode ser muito maior em crianças, seja pelo excesso de mimo, seja pelo de rigidez, que as fazem afundar em águas cada vez mais profundas. O que está por trás disso são vieses otimistas ou pessimistas, e ambos podem ser benéficos ou maléficos. Vale notar que, entre adultos, isso é válido para quem fala e também para quem escuta.

Por mais que não dê para "levantar" ou "abaixar" todas as âncoras, conhecê-las nos ajuda a não virar o barco. Lembro-me de que, desde pequena, gostava de desenhar e pintar. Minha mãe saía em busca de aulas para mim, o que não era fácil de encontrar na década de 1970, em Campinas. Mas ela sempre conseguia! Na época, parecia que desenhar e pintar eram "coisa de senhoras", porque estive rodeada de mulheres mais velhas em todas as aulas. Por eu ser criança, elas costumavam pegar meu pincel e arrumar minhas pinturas. Eu me rebelava: quando minha mãe me buscava, entrava no carro, dizia que não voltaria nunca mais e pedia que encontrasse uma nova professora. Mais tarde, adolescente, tive dois professores que me diziam que eu deveria copiar repetidas vezes para depois focar em criar. E, de fato, aprendi muito com eles. Num dos primeiros anos da faculdade de Arquitetura e Urbanismo na Universidade de São Paulo (USP), mostrei meus desenhos e pinturas a um professor em particular. Não me lembro de nenhum feedback positivo, mas, sim, de ele dizer que eu precisava parar de copiar. Logo, criar. Isso me deixou desmotivada. Demorei duas décadas para voltar a pintar de tão marcada que fiquei com as palavras que *interpretei* como negativas – sendo neurocientista, não posso confiar na minha memória, muito menos inferir que o professor teve a intenção de me afastar do desenho. Hoje, da pedagogia ao mundo dos negócios, sabemos muito mais sobre a importância do feedback e do cuidado que devemos ter com aquele que recebe o parecer. No entanto, o feedback precisa ser realista, pois otimismo ou pessimismo irrealistas podem ser catastróficos.[22]

Como eu, você deve ter alguma lembrança parecida, não é mesmo? A maioria das pessoas tem pavor de matemática, outras de português, outras de estatística ou música, porque elas de alguma forma se sentiam burras, incompetentes ou insuficientes. Palavras negativas agem como repelentes e, assim, alunos se distanciam de professores; filhos, de pais; namorados, um do outro etc. E o desastre pode ser muito maior em conversas de texto, como testemunhamos, sobretudo, no WhatsApp. Ao não ter acesso ao contexto como um todo – o que inclui as expressões faciais –, há menos pistas do que precisamos para interpretar o uso das palavras. Portanto, se, mesmo sabendo disso e fazendo ajustes, ainda pecamos pela falta ou pelo excesso, o que nos resta?

O poder das palavras

Nossa linguagem, tal como a conhecemos, é recente.[23] Pense numa criança recém-nascida. Ela aprende a caminhar como adulto muito antes de aprender a falar como um adulto. Da mesma forma, em nossa evolução, primeiro veio o bipedismo e depois a linguagem. Nós somos bebês no quesito comunicação e, inclusive, **ainda precisamos aprender a nos comunicar de maneira construtiva.**

Considerando nossas subjetividades, o que eu entendo como negativo pode não soar ruim para você. Somos mais ou menos receptivos por causa delas. E mais: elas mudam, ou seja, posso estar mais receptiva hoje porque dormi muito bem, mas terrivelmente mal-humorada amanhã, de modo que a mesma frase possa me parecer irritante só porque dormi muito mal.

O contexto influencia a forma como recebemos o que as pessoas nos falam, como visto no capítulo 3. Será que meu professor foi neutro ou eu não ouvi seus elogios? Será que eu não estava bem naquele dia? Ou eu tinha a expectativa de receber muitos elogios? Nunca terei a certeza de sua intenção. O que importa é que o interpretei de modo negativo e deixei de pintar por causa da maneira como recebi suas palavras. Ainda assim, a responsabilidade é minha. No sentido oposto, rejeitamos ou ignoramos elogios. Isso pode acontecer com todo mundo. Se eu não estiver satisfeita com meu cabelo, simplesmente rejeito qualquer comentário positivo sobre ele. Percebia o mesmo em minhas sobrinhas quando as elogiava: Luma revidava dizendo que queria ter cabelos lisos e Ísis recusava elogios aos cachos, dizendo "Tia, eu não tenho cacho. Meu cabelo é liso!". E você? Já parou para pensar nos elogios que deixou passar?

São os nossos vieses que podem nos ser prejudiciais, o que é motivo suficiente para não nos mantermos sempre na defensiva, levando tudo para o pessoal. Por isso, devemos ter responsabilidade pelo que sentimos. Crianças têm muito menos chance de agir assim caso não aprendam que é importante se separar da opinião alheia; não há desculpa para os adultos.

A forma como interpretamos a fala alheia também interfere em como vemos as pessoas e, consequentemente, afeta os relacionamentos. Por isso, muitas vezes, é importante perguntar "O que exatamente você quer dizer com isso?" ou "Poderia explicar de outra forma? Não entendi o que você quis dizer", entre outras maneiras de se certificar sobre o conteúdo de uma mensagem. Isso serve para uma aula em que você não entenda a explicação de um professor, para uma conversa com alguém, para um pedido ou feedback no trabalho, entre outros. Um exemplo ilustrativo é *Sono de inverno*, um filme turco premiado no Festival de Cannes. Nele há uma cena em que um herdeiro rico, Aydin, tem uma conversa constrangedora com um inquilino devedor, Hodja. Ambos têm vieses completamente distintos, uma vez que têm experiências de vida muito diferentes. Para piorar, o sobrinho do inquilino quebrou o vidro do carro de Aydin e, então, Hodja tenta indenizá-lo, o que escalona o constrangimento. Obviamente o valor do conserto tem pesos distintos para cada personagem, sendo irrisório para Aydin e altíssimo para Hodja, e eles têm dificuldade de se entender por partirem de contextos tão diferentes.

Diálogos difíceis como esse acontecem com frequência em nossas vidas, mesmo entre parentes que convivem há anos! **O grande problema é nos sentirmos no direito de achar que temos certeza do que o outro quis dizer.** Isso é pura arrogância, da qual eu, neurocientista, também padeço. O que fazer? Assim como você, eu tenho duas opções: perguntar o que o outro quis dizer – mas sem perder de vista que, até ao ouvir a resposta, nossa interpretação de uma mensagem sempre é uma aposta, nada mais, nada menos –, ou não.

Cegueira coletiva

Nossa história indica que vivemos séculos pautando nossos pensamentos e nossas escolhas no misticismo. Há aproximadamente quinhentos anos, esse paradigma começou a mudar com o nascimento da ciência. Por isso, ao contrário do que muitos pensam, o método científico não pode ser exclusivo do cientista e deveria ser prioridade na educação de todos. Mas o que isso tem a ver com nossas conversas e, em especial, com vieses?

Quanto mais envoltos em misticismo, superstições ou crenças infundadas, mais somos vítimas de vieses. Não que o cientista não os tenha, muito pelo contrário. Como discute Carl Sagan em seu livro *O mundo assombrado pelos demônios*,[24] os cientistas não são isentos de preconceitos ou ideais equivocados, por exemplo. A diferença é que a ciência é um mecanismo coletivo que corrige a si mesmo.

No plano individual, pensar a partir do conhecimento científico pode nos ajudar a tomar decisões melhores, assim como a nos comunicarmos com uma nova perspectiva da fala do outro. É preciso esse cuidado constante. Não é novidade que membros do júri[25] votam sem ter consciência de serem influenciados por seus vieses, por exemplo. O que isso nos ensina?

Que precisamos conhecer nossos vieses para não prejudicarmos os outros, seja ao interpretar o que falam ou fazem, seja ao interpretar o que deixam de falar ou fazer.

A ciência nos mostra que seguir nossos instintos sem parar para pensar neles pode ser perigoso – se não para quem o faz, então para quem é alvo deles. Vemos isso, por exemplo, no caso do recrutador de recursos humanos do qual falamos no capítulo anterior. **Se falarmos ou agirmos num piscar de olhos, podemos ficar ainda mais distantes da acurácia ideal para ter boas conversas e tomar boas decisões.**

Por falar em decisões pautadas em ciência, não tem como não falar dos placebos e nocebos, a partir dos quais a expectativa sobre a ingestão de uma substância direciona os resultados para bem ou mal, respectivamente. Tanto placebo quanto nocebo são substâncias que não produzem o efeito pretendido. No entanto, o efeito placebo acontece quando quem ingere a substância acredita que ela lhe fará bem, e ela faz, e o efeito nocebo acontece quando ocorre o contrário: quem o ingere acredita que lhe fará mal, e realmente padece de efeitos indesejados.

O problema é que costumamos acreditar que um placebo faz bem quando ele faz nada. Essa talvez seja a maior prova de como vivemos em busca de uma solução externa e, de preferência, miraculosa. E os placebos podem ser de diferentes tipos, desde tratamentos até rituais. Nesse aspecto, os placebos nos mostram que a mente pode ser extremamente poderosa, pois pode levar a uma melhora significativa baseada em nossas expectativas. O xis da questão é que os nocebos são igualmente poderosos.

No início de meu mestrado, dei apoio a um grupo de pesquisadores para a realização de um experimento sobre meditação. Os voluntários do estudo eram testados antes de irem para um retiro e novamente ao retornarem. Um deles era a Monja Coen. Fiquei impressionada com sua coragem, pois, ainda que o estudo pudesse comprovar o contrário do que o zen-budismo defendia, ela participou de uma pesquisa científica.

No dia do teste após o retiro, o equipamento quebrou. Na hora, eu fiquei muito constrangida. Sorrindo, a monja disse algo como: "Posso perder tudo que ganhei no sesshin...". **Colocar nossas certezas à prova é um ato de coragem que todos nós precisamos cometer.**

A postura da monja é tão rara quanto necessária. O cérebro não gosta de ambiguidades, que são sinônimos de incerteza, dúvida, desconhecido, como vimos no capítulo 3. Consequentemente, temos medo do desconhecido, mesmo que a incerteza possa abrir um caminho melhor. Por isso, com frequência, escolhemos o conhecido. Esse é o paradoxo de Ellsberg,[26] que nos mostra que o pavor do incerto é tamanho que a dor certa gera menos estresse que a incerta,[27] pois o corpo produz muito mais cortisol na incerteza do que na certeza. Aprender sobre esse paradoxo pode reduzir nossa aversão à incerteza.[28] Um bom exemplo disso é o luto. A dor de perder alguém é tão grande, em especial quando a morte é repentina, que podemos chegar ao ponto de negar que estamos mal e agir como se tudo estivesse bem.

O viés da confirmação instala a negação, que, por sua vez, alimenta o viés da confirmação, que, novamente, reforça a negação. E, assim, ficamos com o mesmo emprego que detestamos, o mesmo padrão de relacionamento. Já no coletivo, permanecemos com o mesmo modelo político falido, com o mesmo sistema financeiro injusto, e assim por diante.

A negação com consequências coletivas tem nome: cegueira ética.[29] Vou ilustrar com dois bons exemplos: os sinais vermelhos que antecederam o escândalo da empresa Enron em 2001, a sétima maior empresa americana da época, e a crise financeira de 2008. O caso Enron deixou uma lição que muitas organizações estudam até hoje: atividades fraudulentas eram realizadas sem que fossem vistas como fraudulentas, o que deixou quase 30 mil pessoas desempregadas e sem nenhuma pensão, além de um rombo de aproximadamente 60 bilhões de dólares. No caso da crise financeira de 2008, a recessão que se iniciou nos Estados Unidos rapidamente se espalhou por todo o mundo, resultando na falência de muitos negócios e no aumento do desemprego mundial. Em ambos os casos, especialistas alertaram para as possíveis catástrofes, mas foram sistematicamente ignorados.

Mas, então, quando é que optamos por abraçar a incerteza? Em geral, quando a energia gasta para mudar passa a ser menor que a energia gasta para manter o *status quo*. Isso serve para transformações profissionais, mudança de moradia, separações, tratamentos e cirurgias, alterações estéticas, o que você imaginar.

Precisamos passar a encarar a incerteza com mais frequência e mais profundidade, porque, além de evitar desastres, é nela que nasce a criatividade. A criatividade é resultado do não saber. Podemos criar o novo se encararmos aquilo que desconhecemos. Então, é necessário educar o cérebro para ser menos avesso à incerteza. Uma tarefa difícil, mas viável. Na verdade, nossa única saída, pois negar a incerteza pode ser sinônimo de irresponsabilidade, com você e com o mundo. E pode afastar você da esperança do amor.

O jogo do amor

Um dos mistérios no nosso comportamento é aquela fase que chamávamos antigamente de "cortejo", que antecede uma relação estável. Em outras palavras, quando os amantes se "fazem de difícil".

Darwin dedicou parte de sua vida a entender essa dinâmica e fez observações importantes sobre a espécie humana e outros animais. Isso já faz muito tempo – a cultura mudou desde então. Hoje, as pessoas possuem mais semelhanças que diferenças e o cortejo parece mais um jogo. E ambos os sexos podem escolher quando querem ter filhos. A igualdade de direitos está cada vez mais presente, influenciando o mercado do amor para todos independentemente da sexualidade.

O orgulho está muito presente nesse jogo. No topo da lista de jogadas, há o agir de maneira confiante (mesmo não estando) e gastar tempo falando com outras pessoas (mesmo não querendo). Na sequência, temos dribles como evitar o sexo; agir de modo amigável, mas sarcástico; conversar superficialmente, fingindo desinteresse; fazer o outro ter trabalho para chegar até você etc. Há cerca de cinquenta atitudes,[30] que obviamente incluem não responder às mensagens de texto, não ligar no dia seguinte e até mesmo namorar outra pessoa. As pessoas jogam para checar o interesse do investimento a longo prazo, e as que abusam da tática de "se fazer de difícil" são aquelas que apresentam mais traços narcisistas e manipuladores.

Na prática, o que acontece? Poucos são os casais que não jogaram nada. Se os dois lados jogarem muito duro, vão acabar separados – o pior desfecho. O jogo só pode acabar bem se alguém der o primeiro passo. Aqui entra a incerteza: *Será que a pessoa está a fim de mim ou não?* Muitos optam pelo conhecido e não se arriscam. Lembro-me do filme *Simplesmente amor*, em que Rodrigo Santoro representa Karl, um colega de trabalho de Sarah, a personagem de Laura Linney. Toda vez que assisto a esse filme fico pasma com o medo da incerteza que aparece na história desses dois personagens (se você não assistiu, não darei spoiler!). **Na incerteza, suas chances são melhores se você se arriscar, pois assim não se arrependerá no futuro.** É como diz o ditado: se você já tem o não, o que tem a perder?

É claro que, em questões amorosas, como em tantas outras, não devemos confundir a incerteza com a violência doméstica ou situações em que há coerções. Estamos falando do medo de que o outro não retornará nosso interesse amoroso. O filme *O segredo de Brokeback Mountain* mostra a dor que um amante deve enfrentar ao perder seu amado para sempre. Impossível não se lembrar de momentos como esses sem lágrimas nos olhos, pois nossas incertezas podem ser exacerbadas por vieses culturais, que ficam engendrados dentro de cada um de nós. Mas **ainda bem que existem aqueles que, ao enfrentar seus pontos cegos, reduzem a cegueira do mundo.**

Conheça a si mesmo

1. Todos nós temos pontos cegos: os vieses.
2. Os vieses são inevitáveis, mas podem ser extremamente perigosos. Por isso, precisamos sempre tentar entendê-los, desconstruí-los e, por fim, mudar nossa postura. Precisamos, portanto, sempre questionar como fazemos nossas escolhas.
3. O viés também é muito presente nas conversas. Quanto mais me conheço, mais projeto as minhas reações e visões de mundo nos outros. Por isso, você jamais pode presumir o que o outro está sentindo ou falando. Pergunte mais e busque entender, com detalhes, o que as demais pessoas estão lhe dizendo.
4. Encarar vieses é um ato de coragem. O cérebro prefere apostar no que ele acha que é certo ou verdadeiro, porque mudar o *status quo* demanda muito mais energia. Por isso, você precisa ter força para questionar o que acha que sabe em vez de afirmar o que pensa estar correto.
5. Historicamente, pessoas com poder preferiram ignorar o conhecimento científico ou indícios de desastres. Se você nega que tem uma visão enviesada, está agindo de maneira antiética e pode, inclusive, causar danos terríveis à sua segurança e à de outros.
6. Grande parte de abdicar de vieses é encarar a incerteza. O cérebro não está acostumado com isso; por isso, você precisa se esforçar para adotar uma nova atitude. A incerteza é ingrediente para a sabedoria, a criatividade e o amor. Enfrente o medo do desconhecido!

6

Empatia: caminho para uma vida melhor?

No século XIX, o autor inglês Charles Dickens, que publicava histórias em folhetim, tentava produzir uma resposta *empática* forte o suficiente para que os leitores comprassem o próximo jornal só para continuar lendo suas tramas.[1] Não à toa, em português, a palavra empatia é oriunda do inglês, *empathy*,[2] cuja etimologia pode ser retraçada para o grego *empatheia*.[3] Parece que ela ficou esquecida por centenas de anos e, agora, voltou a ser utilizada. Até nos aplicativos de relacionamento é comum ver pessoas clamando por parceiros empáticos. É óbvio que a empatia está na moda, mas será que sabemos o que ela significa *exatamente*?

A empatia é uma das pontes entre o egoísmo e o altruísmo. Às vezes, ela simplesmente acontece; em outras, exige um exercício, o de "calçar os sapatos do outro" para poder, então, empatizar com ele. Isso não significa achar que há como saber com precisão como o outro se sente – afinal, vimos nos capítulos 1 e 3 que é impossível. Para empatizar é preciso, na verdade, "descalçar os próprios sapatos", ou seja, focar em outra pessoa, não em nós mesmos, deslocar o centro das nossas atenções para outro alguém.

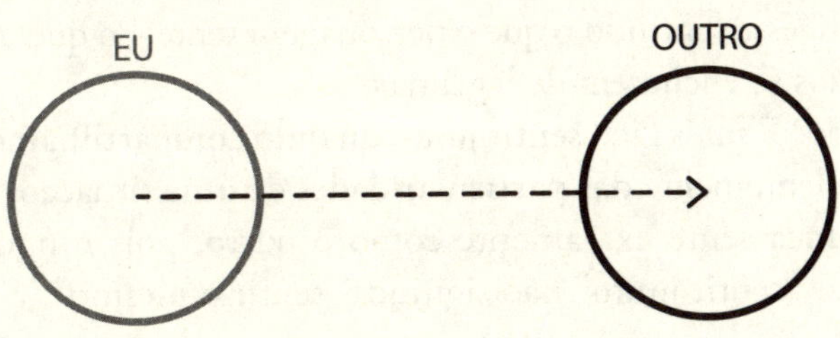

Ao fazer isso, a empatia não apenas produz a compreensão do outro, como possibilita uma conexão. Esta gera o sentimento de proximidade, que, por sua vez, facilita a colaboração, como vimos no capítulo 2. Então, quanto mais empatia sentimos, mais nos aproximamos e, assim, menor é o esforço que fazemos para colaborar com alguém específico.[4] Da mesma forma, quanto menos empatia, menos aproximação, ou seja, mais nos afastamos e, consequentemente, maior será o esforço para colaboração, como mostra o gráfico a seguir.

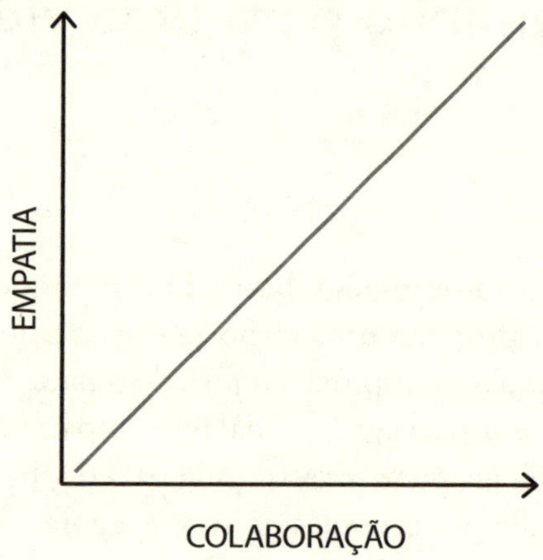

Em outras palavras, **empatia é sentir junto.**[5] E sentir junto significa, de alguma forma, compartilhar o que o outro sente. Em geral, isso se dá quando passamos por experiências similares e o outro nos faz reviver algo do nosso passado. Porém, se não temos experiências parecidas, podemos tentar imaginar como nos sentiríamos em determinada situação.

Por exemplo, eu choro em muitos filmes, como se estivesse vivendo dentro daquela história, mesmo se for um desenho animado. Assim como os leitores de Dickens, me identifico com alguns personagens e, por isso, me imagino naquela narrativa. Quando isso acontece, me emociono ainda mais, porque é como se estivesse sentindo o que o personagem sente – o que, no meu caso, faz meus olhos se encherem de lágrimas.

Está vendo? É mais fácil sentir junto quando compartilhamos sentimentos, independentemente das particularidades de uma situação. No entanto, ninguém nunca sente exatamente como o outro, pois ninguém é igual. Portanto, esse "sentir junto" não significa "sentir o mesmo".

Quando a empatia não é automática

Você já ouviu falar que a empatia é o que nos diferencia de outros animais? Muita gente acredita nisso. No entanto, ela é uma capacidade natural dos humanos e de várias outras espécies – inclusive, roedores e quase todos os mamíferos.

A empatia presente no mundo animal pode ser chamada de empatia contagiosa.[6] Ela é automática e não requer esforço. Em geral, muitos gostam de usar a alcunha "empatia emocional". Mas, como você já aprendeu neste livro, essa expressão, que dá a entender que existiria uma "empatia racional", só atrapalha. Um exemplo da tal empatia contagiosa é ver a mão de alguém sendo esmagada por uma porta. O que acontece? Só de imaginar a dor, você já sente um nervoso, talvez um frio na barriga ou um flash de calor.

Nós sentimos essa empatia com frequência com filmes, livros, conversas. Por exemplo, eu sou capaz de vendar meus olhos para não presenciar uma cena de violência, porque me esqueço de que ela não é real e automaticamente imagino o sofrimento – mesmo que nunca tenha vivido nada parecido. Reflita e você conseguirá elencar vários exemplos seus. Esse exercício é importante para você conseguir entender a heroína da nossa história: a empatia cognitiva.[7]

Ser uma pessoa empática exige esforço

A empatia cognitiva é o tipo no qual devemos investir. É diferente da automática, essa pode ser desenvolvida e ampliada. E muitos gostam de usar a alcunha "empatia racional", o que, como exposto nos capítulos 1 e 4, aumenta o abismo entre razão e emoção. Porém ela exige prática.

E por que ela se chama empatia cognitiva? A cognição é o processo mental de aquisição do conhecimento e desenvolvimento da compreensão. Esse processo ocorre em todo cérebro, incluindo as regiões frontais – conforme mostra a figura da página 35 –, que reúnem a razão e a emoção. Assim, "cognitiva", aqui, refere-se a "corpo e alma". É o aprimoramento dessa empatia que nos diferencia dos outros animais.[8]

Alguns defendem que outros animais também sejam dotados de empatia cognitiva. No entanto, a deles é diferente e caracterizada pelo que entendemos por preocupação simpática,[9] observada em espécies que vivem em grupos e são sociais. Embora se pareça com a empatia cognitiva, ela tem outro funcionamento.

Imagine um grupo de bonobos, por exemplo. Um membro da comunidade está com uma dor debilitante em uma das pernas. Nesse caso, uma parte de seu grupo vai se dedicar a aliviar a dor de seu colega. Em geral, os animais sociais vivem em bandos, e é preciso que todos estejam bem a fim de que os demais possam sobreviver.

No caso dos bichos, não parece ser um exercício consciente de empatia. Um exemplo interessante dessa "falsa" empatia cognitiva são os esportes em equipe. Anos atrás, eu participei de uma competição de *trekking* em equipe. Se houvesse algum problema com um dos membros do meu time, a equipe toda seria afetada. Um deles, um amigo italiano bem escandaloso, gritava comigo toda vez que eu perdia o ritmo. E eu ficava apavorada se alguém parecia estar machucado, pois nossa pontuação dependia de permanecermos todos juntos. É lógico que, nesse caso, havia alguma preocupação empática, mas se tratava mais de uma preocupação simpática.

Note que a diferença é que a empatia cognitiva exige esforço e tempo. Esse esforço é cognitivo, demanda energia cerebral e funciona como uma tarefa com carga cognitiva alta. Se há muito compartilhamento de experiências e percepções, não exige esforço e parte de uma relação boa, não se trata da empatia cognitiva, e sim da contagiosa, como a que ocorre entre muitos pais e filhos e em casais apaixonados, por exemplo. A empatia cognitiva exige que sua mente trabalhe para conhecer melhor alguém. A partir dessa aproximação, ampliamos a compreensão e, daí, desenvolvemos empatia por essa pessoa – o que aumenta a proximidade.

O caminho começa na autoempatia

O primeiro passo na jornada de desenvolver a empatia cognitiva é dar um passo para trás. **Antes de poder ser empático, é preciso se conhecer melhor e ser mais autoempático.** Esse não é um termo científico – dentro da ciência, a autoempatia é chamada de autoconhecimento.

Espero que, ao longo destas páginas, você já tenha tido vários insights sobre a sua própria vida. Até aqui, você vem aprendendo a compreender melhor suas emoções e seus sentimentos, sua forma de se relacionar com o mundo, como são construídas suas percepções e como você faz escolhas, além de pensar nos seus pontos cegos. A partir da compreensão de como nossa mente funciona, você está desenvolvendo o autoconhecimento e, portanto, mais autoempatia. Daqui até o fim do livro, você terá ainda mais compreensão de si mesmo e mais autoempatia. Mas o que isso significa?

Você precisa viajar dentro de si para ter mais discernimento sobre quais são suas flexibilidades e limitações, suas aberturas e seus fechamentos, por assim dizer. Em outras palavras, torna-se mais claro quais são as pessoas a quem você pode, de fato, abrir-se e dispor-se a se conectar; com as quais você se dedica ou não a empatizar. Como vimos nos capítulos anteriores, será sempre mais fácil empatizar com os que percebem o mundo de maneira mais parecida do que diferente de você, com os quais há mais intersecção.

Nossa visão é muito parecida, assim como nossa audição. Porém o que salta aos olhos e ouvidos não são as similaridades (a menos que sejam gritantes), mas as diferenças. Nossas percepções destacam as disparidades. Logo, fica um pouco mais difícil nos relacionarmos, pois focamos no que não temos em comum. Por isso precisamos desenvolver a empatia cognitiva.

Agora, como a empatia pode surgir da autoempatia? Em alguns momentos da minha vida, eu achava importante acompanhar o noticiário. Isso foi antes da era digital, então optava por comprar o jornal nas bancas diariamente. Vimos no capítulo 5 que acompanhar o noticiário tende a ampliar o viés pessimista, o que aconteceu comigo. O que eu fiz? Aceitei minha limitação e concluí que a minha profissão não dependia de eu ficar a par das notícias. Pedi para minha família e meus amigos me manterem informada e parei de pensar nisso. Veja: eu tive autoempatia por mim, e foi ela que me ajudou a evitar o viés pessimista. Além disso, passei a ser mais empática com os desinformados. **A autoempatia é a ferramenta que nos permite ser mais realistas nas nossas avaliações acerca de nós mesmos** e, portanto, como ela afeta nossa relação com o mundo e com os outros.

Ser empático é ser seletivo

Se empatizar implica dedicação, a empatia requer esforço. Em outras palavras, energia e, portanto, ela custa caro para o cérebro – lembra quando falamos de glicose no capítulo 4? Sabemos que não temos energia infinita, pelo contrário. Por ser finita e limitada, é preciso escolher onde vamos gastá-la.

Sabendo disso, eu pergunto: é possível empatizar com todo mundo? Claro que não. Fica fácil entender por que somos seletivos. **Não temos energia para empatizar com todos o tempo todo. Por isso precisamos escolher**

com quem nos conectamos e quando. Se tivermos consciência de como nossa mente funciona, poderemos avaliar se vale a pena ou não nos aproximarmos de alguém.

Muitas profissões exigem esse conhecimento para que suas atividades sejam bem realizadas. Raramente veremos uma mãe ou um pai médico operando um filho; o mesmo vale para advogados e terapeutas. Por quê? Como vimos no capítulo 2, há uma proximidade profunda entre essas pessoas. Assim, é impossível bloquear a empatia para não sentir junto com outro, o que pode ser perigoso e gerar problemas éticos. Será que um professor seria capaz de avaliar uma aluna como os demais se fosse sua filha? Como uma cirurgiã conseguiria operar a sua própria criança?

Veja como a empatia implica a não empatia, assim como o amor implica o desamor, a escolha implica a não escolha, e assim por diante. Há uma dualidade que nos acompanha desde os primórdios: para conseguir ser empático com um grupo de pessoas, você acaba sendo não empático com os demais. Quando somos agentes de nossas escolhas, estamos conscientes do que não escolhemos. Não poderemos amar todos, correto? Também é assim com a empatia: não poderemos compreender todos. E não se trata dos bilhões de pessoas no mundo, mas das dezenas ou centenas de pessoas do seu círculo social.

Empatia é escuta

Vamos retomar o que aprendemos no capítulo 1 e refletir sobre quão difícil é compreender o que sentimos. Façamos um exercício.

1. Feche os olhos e respire fundo por trinta segundos.
2. Agora, abra os olhos e defina como você está se sentindo de maneira *exata* em uma única palavra.
3. Qual é a causa desse sentimento?
4. Repense sua resposta para o item 2 e reflita: você ainda tem certeza de que se sente assim? ( ) Sim ( ) Não ( ) Não sei dizer

Se você chegou até aqui, certamente já deve estar questionando a maneira como se sente. E até como rotula seus sentimentos. Note como a sua dúvida pode ser consciente ou inconsciente, tipo um incômodo.

Da mesma forma que a sua autoempatia faz você escutar a si mesmo, **a empatia o faz escutar os outros.** Porém, na autoempatia, a escuta pode ser metafórica. Você pode escutar com atenção o corpo – como no passo 1, quando você respirou fundo – e analisar os sinais que ele está enviando. Por exemplo, você pode ter sentido o coração batendo forte e concluído que estava com ansiedade. Mas, quando se trata de outras pessoas, você não tem acesso a essas informações. Assim, precisa escutar o que o outro comunica com afinco.

A escuta envolve não apenas os ouvidos, mas também os olhos. Precisamos de nossa visão para entender melhor o que o outro quer dizer. Minha editora me contou que, quando ia nadar, não usava óculos de natação com grau. Por ser muito míope, todas as vezes que o instrutor ia conversar com ela, não entendia nada do que ele queria dizer. Uma vez, ele lhe perguntou: "O que acontece que você não me ouve?". Ela respondeu: "É porque estou sem óculos!". Parece estranho, mas, sem a leitura dos lábios e das expressões faciais, é muito mais difícil compreender alguém, o que dá a impressão de não estar ouvindo direito. Por isso eu digo que escutamos com os ouvidos e os olhos.

Mas não para por aí. Já vimos no capítulo 3 que não processamos o mundo como ele é. Como nossas percepções mediam nossa representação da realidade, toda vez que criamos uma imagem do outro ou de como ele se sente, nos baseamos no que *nós* vivenciamos. Assim, se quero compreender melhor uma pessoa, tenho que escutá-la com atenção. Por isso é tão importante estar junto – pessoalmente ou no meio digital –, fazer perguntas e, sobretudo, se atentar ao que alguém diz sem deixar que o pensamento fuja ou interrompa a escuta. Em outras palavras: **escuta é atenção, e atenção é presença.** É preciso estar junto.

Ao fazer isso, acontece a sincronia da qual falamos no capítulo 2. Quando ouvimos nosso corpo, entramos em sincronia com ele e podemos entender melhor quais emoções estão acontecendo por meio da autoempatia. Quanto maior ela for, maiores serão as chances de eu conseguir interpretar meus sentimentos com acurácia. Ainda que eu não possa entender o que acontece com outra pessoa, se nós nos comunicamos, nossos corpos entram em sincronia.[10] É como se estivéssemos "dançando no mesmo ritmo", o que facilita a escuta e, consequentemente, aumenta a empatia, conforme acontece também com outros animas.[11] No entanto, quanto mais pessoas houver numa conversa, mais difícil será a sincronia e pior a comunicação. Se fosse fácil, nem precisaríamos da música para unir um grupo. Agora, considere o fato de que muitas das nossas conversas ocorrem por texto, sem estarmos perto dos outros. E num grupo de WhatsApp? Por isso, muitos grupos têm regras, mas que, em geral, não são respeitadas.

Ser empático é ser genuíno

Somos ótimos em detectar mentiras e, portanto, identificar pessoas que não sejam confiáveis, porque, como somos seres sociais, precisamos confiar naqueles com os quais nos relacionamos.[12] É importante refletir que aprender a mentir faz parte do desenvolvimento cognitivo saudável das crianças. Pequenas mentiras são categorizadas como inofensivas e podem até facilitar a vida em certas situações, não machucam e até beneficiam o próximo. Outras podem prejudicar os outros.

Mentir é uma tomada de decisão moral bastante árdua justamente porque detectamos mentiras com facilidade. Não admitimos mentirosos, mas também não admitimos sermos mentirosos. Mas há um *plot twist*: ao mesmo tempo que somos muito bons em detectar mentiras, também somos muito ruins em mentir. Uma vez contada, é preciso permanecer repetindo a mentira, e é muito trabalhoso manter a consistência.

Por isso, se não somos genuínos em nossa empatia, estaremos caindo na mentira, e há grandes chances de sermos pegos. A pseudoempatia também tem perna curta. Mais cedo ou mais tarde, ela será desvendada. Aquele chefe autoritário, o amigo narcisista ou o colaborador que finge ser simpático – esses e outros personagens não são empáticos, por mais que se esforcem para parecer. Há alguma exceção? Talvez alguns psicopatas. No entanto, não existe consenso na literatura científica sobre quem são exatamente esses indivíduos, pois alguns são impulsivos e violentos e outros são controlados e dissimulados. Enquanto a primeira definição indica ausência de empatia, a segunda indica uma capacidade de simulação da empatia, diferentemente da maior parte das pessoas, que tem dificuldade em mentir bem. No entanto, os psicopatas não são máquinas de mentira e não conseguem enganar todos o tempo todo. Assim, muitos consideram que as prisões estão lotadas do primeiro tipo de psicopata, enquanto posições de poder como CEOs e presidentes são tomadas pelo segundo tipo.[13] Mas não quero que você termine esta seção querendo descobrir quem é ou não psicopata. Assim como o termo empatia virou lugar-comum, a busca por psicopatas se tornou uma obsessão. Não temos energia cerebral para gastar nisso, então basta saber que somos bons detectores de mentira.

Nesse tema, vale uma análise sobre questões culturais. Lembro-me de quando vivia em Chicago e me sentia bem na cafetaria perto de casa, bem próximo do Lago Michigan, no bairro da Universidade de Chicago, Hyde Park. Ingenuamente, convidei o atendente mais acolhedor para o meu aniversário. Ao ser pego totalmente de surpresa, ele agradeceu e disse que não poderia ir. Era uma mentira. Estaria ele sendo pseudoempático? Acho que não. Por ser de outra cultura, eu não havia entendido que toda a educação e preocupação dele comigo era, na verdade, uma prática comum para deixar os clientes mais à vontade.

De todo modo, empatia e confiança estão intimamente relacionadas. Se a empatia significa uma aproximação que gera conexão, não é possível nos conectarmos com alguém em quem não confiamos. Em razão disso, ao detectar a pseudoempatia, perdemos a confiança e, logo, a possibilidade de conexão, pois perdemos a vontade de colaborar com essa pessoa. Na série dinamarquesa *Borgen*, a primeira-ministra da Dinamarca, a personagem principal, é chamada para uma reunião. Ela é calorosamente recebida com chá e biscoitos importados. Ao sair, ela encontra seu conselheiro, que lhe pergunta se pretende aceitar o acordo, e ela diz que sim. Ele fica furioso: "Para isso que servem os biscoitinhos especiais. Para te enganar!". Tratava-se de um mecanismo de pseudoempatia para fazê-la estar mais predisposta a aceitar o acordo que, na verdade, não lhe era vantajoso.

A genuinidade pode ser um facilitador e até mesmo pode funcionar como um medicamento para uma relação com problemas, assim como um antibiótico cura uma infecção bacteriana. Em muitos casos, **uma escuta genuína possibilita o entendimento do que está acontecendo com a outra pessoa.** E, se esta tem dificuldade de auferir o que está se passando com ela, a escuta de alguém realmente interessado pode ajudá-la a ouvir a si mesma, perceber seus pontos cegos e se compreender melhor.

Expandindo o círculo empático[14]

Como vimos, há uma empatia cognitiva. Uma vez internalizada, ela pode se tornar contagiosa, pois passou do deliberado para o automático, ou seja, passou do pensamento devagar para o rápido. A partir do momento em que você entende o sofrimento alheio e passa a sentir junto de outro alguém, aumenta a possibilidade de empatizar com outras pessoas que apresentem um sofrimento análogo no futuro. Há uma grande chance de você, sem esforço, sentir junto – e isso é empatia contagiosa.

Em meados do século XV, o alemão Johannes Gutenberg ficou conhecido como pai da impressão, que possibilitou uma transformação tamanha na aquisição de conhecimento.* Antes, os livros eram feitos à mão por monges copistas. Mas, com a prensa, ficou fácil reproduzir mais cópias de uma obra. E é muito provável que essa maior reprodutibilidade dos livros tenha possibilitado uma amplificação empática.[15]

Naquela época, poucas pessoas viajavam e, quando saíam de casa, suas jornadas eram tão longas que muitos nem voltavam. Assim, nem todos retornavam e dividiam as suas vivências. Fora que os livros eram muito caros e, em geral, acessados somente por uma elite, incluindo religiosos. Com a prensa, livros se tornaram mais acessíveis, e o jornalismo pôde se desenvolver. Histórias que antes não eram conhecidas passaram, cada vez mais, a estar na palma da mão.

Quando temos acesso a mais narrativas, expandimos o nosso repertório afetivo também. E foi isso que aconteceu. Ao aumentar a sensação de proximidade por meio da leitura, as pessoas incorporavam sentimentos e visões de mundo dos personagens. Tanto é que a invenção da imprensa é creditada como uma das fomentadoras da Revolução Francesa, por exemplo, e da expansão da vida em grandes centros urbanos.[16]

Hoje podemos viajar e ter acesso a uma infinidade de livros e filmes – temos a internet, imagine! Portanto, há uma grande oportunidade de expandir nosso círculo empático, porque nunca foi tão fácil estar em contato com tantas narrativas diferentes.

Empatia também pode ser veneno

Isso quer dizer que a empatia é a solução para termos uma vida melhor? Para alcançarmos a paz mundial e acabar com todas as guerras? A empatia pode ser um remédio para muitas relações, mas um veneno para outras.

Vamos voltar à questão da energia. Como vimos, não é possível empatizar com todos, pois não teríamos glicose o suficiente para o esforço cognitivo

---

* A invenção da impressão em papel data de muito antes do Renascimento, pelos chineses, mas só Gutenberg levou a fama, fenômeno que explicarei no capítulo 8.

que essa empatia toda exigiria. O que acontece nesse caso? Rejeitamos o outro. Ou seja, não há uma relação direta entre a rejeição e a maldade.[17] Tampouco ser mais empático fará você mais bondoso. Com algumas questões e pessoas, eu sou empática e posso, por isso mesmo, automaticamente negar o oposto. Muitos cientistas se debruçaram sobre essa questão, mas suas descobertas não alcançaram o senso comum.

Na atualidade, a empatia é uma palavra de ordem, imprescindível desde as escolas primárias até as de negócios. No entanto, é pouquíssimo compreendida. É um equívoco vender a ideia de que tornar as pessoas mais empáticas melhora a sociedade. Alguns cientistas até sugerem o abandono desse conceito.[18] A empatia só pode ajudá-lo em relação àqueles com quem você quer se relacionar melhor. E já aprendemos que não há espaço, tempo e energia para você se relacionar com todo mundo.

Como vimos no capítulo 2, família são aqueles aos quais nos sentimos próximos. Estudos com inalação ou injeção de oxitocina – conhecida como o hormônio do amor* – mostram que, da mesma forma que investimos mais em quem entendemos como parte da família, também nos afastamos dos que estão fora dela.[19]

Isso porque o cérebro evoluiu para vivermos em bandos e, ao mesmo tempo, rejeitar o bando alheio. Esses bandos eram pequenos e, em geral, determinavam o número de pessoas com as quais era possível ter uma relação próxima. Daí vem o Número de Dunbar, 150 pessoas, o número de indivíduos com que podemos ter alguma conexão. Esse número foi revisitado e recalculado por outros cientistas, mas nenhum deles ultrapassa 520 pessoas.[20] Hoje convivemos com muito mais gente, mas não temos um cérebro que dê conta de ter uma relação estreita com todos. Reflita, quantos BFFs (melhores amigos para sempre, na sigla em inglês)[21] você tem?

A polarização política que vemos no Brasil e em outros países do mundo ilustra bem para onde leva a empatia extrema. Um extremo é composto por pessoas que possuem muita empatia por um grupo e, logo, extrema rejeição a outros. Quanto mais disposição empática para uma pauta política, maior a hostilidade para a pauta adversária.[22] Podemos, então, concluir que **a empatia promove a polarização em vez de combatê-la.**[23]

A empatia é facilitada em relação às pessoas que identificamos como do nosso grupo e, portanto, dificultada em relação àquelas que não percebemos como pertencentes. Assim, construímos polarizações afetivas, pois temos a convicção, ainda que inconsciente, de que o outro grupo ameaça o nosso.

---

* O mais adequado seria dizer que se trata do hormônio da família.

Se a empatia fosse um ato impregnado de moralidade, sua prática não estaria associada a nenhuma hostilidade ou crueldade, como o linchamento, por exemplo. No entanto, muito diferente da crença popular, a solução dos problemas de nossa sociedade não está na empatia. Ela é um excelente recurso para melhoria pessoal, mas péssimo quando o assunto é o coletivo.

A palavra empatia se transformou numa das vacas sagradas do início do século XXI, mas deveria ser enviada para o abatedouro, pois todos os lados das relações fazem uso dela para defender sua própria agenda. Por anos a fio eu fiz doações para o Children International, uma instituição em que você escolhe exatamente de qual criança deseja ser patrono. Você tem a oportunidade de trocar cartas com ela e até mesmo visitá-la. Esse ato empático mostra que eu quero ajudar uma criança específica. Depois de muitos anos de contribuição, e ao estudar mais sobre a eficiência das instituições de caridade, aprendi duas coisas fundamentais. A primeira é que as organizações descobriram que mostrar fotos das crianças ajudava a gerar empatia, e os patronos se sentiam melhores, pois escolhiam quem ajudar. Portanto, a questão era mais a respeito do doador que da criança. A segunda, da qual tomei conhecimento graças ao avanço nas avaliações da eficiência dessas entidades, é que a maioria era pouco eficiente, com menos de 80% de sua renda sendo repassada aos destinatários.[24] Algumas nem permitem a realização dessa avaliação, como a Fundação Clinton.[25]

O que podemos fazer, então, para contribuir para um futuro melhor? Respeitar o sentimento e, logo, o direito alheio. Você não precisa de empatia para conviver com a diferença, só de respeito. Temos que nos desprender do desejo consciente ou inconsciente de querer nos beneficiar mais do que os outros.

Há uma palavra que pode descrever essa postura? Alguns defendem o termo compaixão.[26] Eu ainda acho que respeito é melhor, porque pressupõe a moralidade, a atitude de ser mais ético em relação ao outro. Essa postura vai desde eu não imitar minhas sobrinhas, Luma e Ísis, na frente delas – o que as fazia chorar quando pequenas –, até frear o carro para o desconhecido parado na calçada próximo da faixa de pedestre e não furar nenhuma fila, em todos os sentidos. **Uma sociedade melhor exige que sejamos mais respeitosos sem necessariamente empatizarmos com todas as pessoas.**

Conheça a si mesmo

1. Há dois tipos de empatia: uma é a contagiosa, que sentimos por pessoas muito próximas ou nas quais nos vemos. A outra é cognitiva, ou seja, é aprendida e desenvolvida, porque parte da nossa capacidade de apreender um conhecimento. E que conhecimento é esse? O dos sentimentos das outras pessoas.

2. Quanto mais eu conheço alguém, maiores as chances de eu "sentir junto". Mas, para isso, preciso ser autoempático. Como projetamos nossos próprios sentimentos nos outros, precisamos nos conhecer, saber como funcionamos e entender o quanto não sabemos do outro.

3. Se não dá para conhecer uma pessoa ou saber exatamente como ela se sente, como é possível "sentir junto"? Bom, se eu tenho maior autoempatia, sou mais realista comigo mesmo. E posso saber realmente com quem quero, de fato, empatizar. Ao ouvir o que essa pessoa tem a dizer, posso descobrir um pouco mais sobre ela.

4. Portanto, a empatia cognitiva é a arte da escuta. Ao escutar a mim mesmo, aprendo a escutar o outro. Ao escutar o outro, posso até ajudá-lo a aprender a se ouvir. Lembre-se de escutar com atenção!

5. Só que tem um problema: a empatia exige energia. E não temos glicose o suficiente para empatizar com todas as pessoas que cruzam nosso caminho. Por isso, a fim de ter energia para empatizar com uma parcela da população, eu vou rejeitar a outra.

6. Assim, vemos que a empatia não vai trazer a paz mundial. Ela provoca polarização, e não a combate. Para termos uma sociedade melhor, é preciso respeitar os outros, independentemente de nos conectarmos com eles ou não.

7

Quem se engana, engana melhor o mundo

Eu quero convidar você para um jogo. Escolha uma moeda: real, dólar, euro, libra – a que mais lhe apetecer. Depois, imagine que eu lhe dou um envelope e mil unidades da moeda que você escolheu. Quero que você faça uma doação a partir desse valor. Pode ser tudo, uma ou nenhuma parcela desses mil. Essa doação será entregue a uma pessoa que está na sala ao lado. Ela não sabe nada sobre você; você não sabe nada sobre ela. Nunca saberão nem se conhecerão.

Já sei: você quer saber mais sobre esse alguém, certo? Infelizmente, não posso lhe dar essa informação. Pronto. Escolheu? Legal, agora me devolva o envelope com o valor a ser doado. Ah, passe para o próximo parágrafo só depois de colocar o dinheiro no envelope, tá bom?

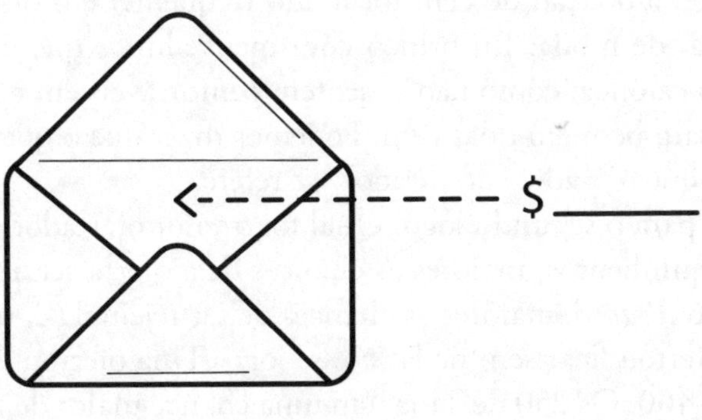

Vamos para o próximo jogo. De novo, você ganha um envelope com mil unidades da sua moeda preferida – que, inclusive, você pode trocar. Novamente, você vai escolher como repartir o dinheiro, mas, dessa vez, fará uma oferta, não uma doação. A pessoa da sala ao lado decidirá se a aceita ou não. Se aceitar, fica com o valor ofertado e você, com o restante. Se não, ambos ficam sem nada. De novo, ela tem as mesmas informações que você, mas é ela quem tem a palavra final. Haverá uma única etapa, sem negociação. É pegar ou largar. Portanto, pense bem. Vocês continuam sem saber nada um do outro. Assim que decidir, coloque sua oferta no envelope.

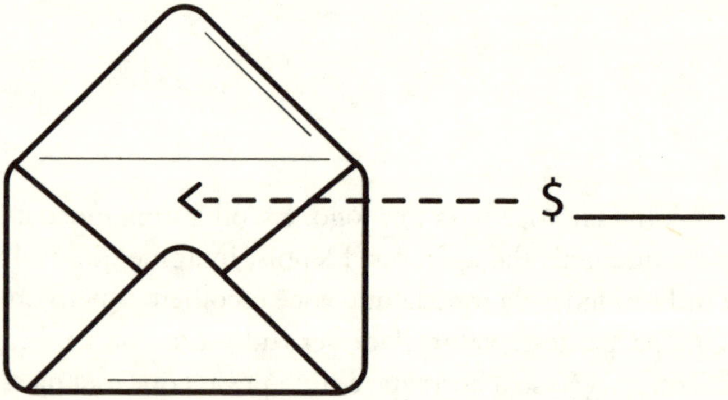

Agora, vamos analisar o primeiro jogo. Qual foi o valor doado? Quanto mais próximo de zero, maior o seu "índice do ditador". Quanto mais próximo de mil, menor o seu "índice do ditador". Imagine duas participantes: Tina doou cinquenta e Cora, duzentos. Logo, Tina é muito mais ditadora. Calma: o que eu estou apresentando como "índice do ditador" é apenas uma provocação para que você reflita sobre suas atitudes. Em todas as vezes que apliquei este teste, a doação de cem foi muito frequente; é o que chamamos, em estatística, de moda. Eu brinco com meus alunos que é o dízimo da nossa cultura católica: como não se sentem confortáveis em não doar nada, as pessoas ficam bem em doar cem. Podemos dizer que o que está em jogo é poder – ao que o "índice do ditador" se refere.

Passemos para o segundo jogo. Qual foi o valor ofertado? Quanto mais próximo de quinhentos, maiores as chances de a oferta ser aceita. Quanto mais próximo de zero, maiores as chances de ser rejeitada e, portanto, de a pessoa que ofertou ficar sem nada. Nesse jogo, Tina ofertou 250 enquanto Cora ofertou 400. Os 250 de Tina têm uma chance maior de recusa do que os 400 de Cora, pois esta oferta é muito mais próxima de 500. Logo, Cora é uma negociadora melhor. Mas por que alguém recusaria qualquer oferta diferente de zero? Afinal, qualquer coisa não é melhor que nada, correto? O que acontece é que somos morais e com frequência recusamos ofertas injustas. Infelizmente, na vida real, é comum sermos obrigados a assinar um contrato draconiano, trabalhar por menos do que merecemos, por aí vai, e não podemos nos dar o luxo de recusar.

Esses exercícios são extremamente estudados na economia do comportamento. No primeiro jogo, você tinha total poder e, por isso, é conhecido como "jogo do ditador". No segundo, você tinha menos poder, e este é conhecido por "jogo do ultimato". Na história dos jogos econômicos, o ultimato foi criado nos anos 1980. O jogo do ditador foi derivado dele.[1]

Vamos voltar para as suas jogadas. Vou complicar um pouco mais e comparar os dois jogos numa brincadeira que chamo de "efeito do poder". Faça a seguinte conta:

valor da oferta - valor da doação = efeito do poder

Já sabemos que Tina é mais ditadora que Cora, mas o efeito do poder das duas é igual. A diferença entre oferta e doação é duzentos para ambas. Ainda que ajam de modo diferente, são igualmente afetadas pelo poder que possuem ou não. Mas não só Tina e Cora, todos nós! Eu não me recordo de alguém me dizer que seu "efeito do poder" era igual a zero. Aqui reside um paradoxo: ao mesmo tempo que queremos justiça, o poder parece irresistível. Assim como a maioria doa cem, essa mesma maioria oferta entre quatrocentos e quinhentos para garantir que a proposta seja aceita. Então, a diferença entre a oferta e a doação fica entre trezentos e quatrocentos na maior parte dos casos. Isso nos mostra que, na vida real, o "efeito do poder" tende a ser ainda maior do que o de Tina e Cora.

Como estou aqui mais para chacoalhar do que para afagar, devo perguntar: você realmente teria doado o mesmo valor caso recebesse o dinheiro de verdade? E se estivesse sozinho, sem ninguém observando ou gravando?[2] É claro que esses jogos não dão conta de considerar toda a complexidade das relações e do mundo que vivemos. Mas se você está lendo este livro, está aqui porque quer aprender como a sua mente funciona para ter uma vida mais equilibrada. Neste capítulo, aprenderemos como **nossa postura influencia as pessoas com as quais convivemos.**

Qual é a melhor postura?

A pergunta que não quer calar: qual é a postura que precisamos ter em sociedade, com aqueles que não conhecemos e com os quais não queremos nos conectar? Ou ainda: que não teremos tempo ou energia para conhecer? No cerne da resposta, está a moralidade,* cuja definição não é estática e se modifica ao longo do tempo. O desenvolvimento das nossas regras e leis é, quase sempre, associado a questões morais. Num Estado democrático, esse conteúdo vai se aprimorando e inclui cada vez mais direitos para mais pessoas. A ideia é que as regras reduzam a subjetividade dos julgamentos individuais. Logo, passa a existir menos espaço para dúvidas na conduta individual, que aqui vamos chamar de conduta ética. A redução da zona cinzenta mostra exatamente qual é essa conduta para aquela sociedade, naquele espaço e tempo.

Por um lado, a cultura norteia a conduta individual. Por outro, o próprio indivíduo escolhe o que é certo ou errado de acordo com seu próprio código de ética. É claro que leis precisam ser respeitadas, mas elas também sofrem modificações ao longo do tempo. Por isso, **cabe a cada um de nós nos posicionarmos eticamente em relação ao que a sociedade preconiza.**

Isso mostra que, além de sociais, somos morais. Mas o que vem primeiro: a sociabilidade ou a moralidade? A sociabilidade, provavelmente. Quanto mais estável um traço, mais antigo ele é em nossa evolução. Não somos mais sociais do que morais, mas a sociabilidade é mais estável que a moralidade, que sofre constantes modificações. O que é bom! A cultura pode provocar retrocessos, ainda que temporários, por isso é importante que sejamos capazes de ressignificar nossas relações.

No laço da confiança

Se somos sociais, precisamos nos relacionar o tempo todo uns com os outros; logo, precisamos negociar. A partir do momento em que nossas leis se transformam, as negociações são guiadas por elas. Quanto mais costumes justos e solidificados tivermos, melhor ainda. No entanto, nada melhor para uma negociação do que a confiança. Mas esta é algo extremamente

* Na filosofia, há uma discussão sobre o significado de moralidade e de ética. Aqui, eles são intercambiáveis. Ser ético ou moral significa compartilhar costumes e valores que visam o bem de todos os integrantes da sociedade. (N.E.)

frágil, pois, como é de senso comum, é difícil de ser conquistada e fácil de ser destruída. Uma vez conquistada, a confiança precisa ser cultivada; uma vez abalada, é difícil de ser restabelecida. Podemos pensar na confiança como um laço. O que desfaz esse laço é a mentira, seja do parceiro, do vendedor, do chefe ou do subordinado, dos filhos ou dos pais, de parentes, amigos, amantes, colaboradores, vizinhos, influenciadores – a lista não tem fim. Aqui é muito importante entender que o foco não são as mentirinhas inofensivas, muitas vezes benéficas, como dizer que está doente para recusar um convite ou que gostou da comida de alguém para não ferir seus sentimentos. Estamos falando das que desrespeitam e prejudicam outros.

Esse laço pode ser feito com diversos tecidos, mas os melhores são aqueles à base de verdade. O ponto é que somos um animal moral, assim como outros mamíferos sociais – ratos, cachorros e chimpanzés, por exemplo.[3] Por isso, não gostamos de mentiras. Já reparou que, se precisar arquitetar uma mentira, você gasta mais tempo e energia do que se relatasse a verdade?

A mentira custa caro para nossos cérebros, enquanto a verdade tem custo praticamente zero. Pense na verdade e na mentira como tarefas de diferentes cargas cognitivas, assim como as da escola ou do trabalho. A mais fácil é de baixa carga cognitiva. A mais difícil é de alta carga cognitiva. Além disso, a mentira precisa ser sustentada. Ou seja, além de exigir mais carga, esta será requerida muitas vezes ao longo do tempo, ou seja, toda vez que a mentira for recontada.

A verdade não exige esforço e, portanto, custa muito pouco ao cérebro. É fácil reconstruir um evento que ocorreu de fato, pois assim você não tem que gastar energia para preencher buracos na história. Por isso atores e atrizes são tão impressionantes. Muitos, quando indagados, explicam que incorporam personagens para senti-los "na pele" e, assim, evocar melhor as emoções. Esse ato reduz o custo da mentira e permite o brilhantismo das atuações.

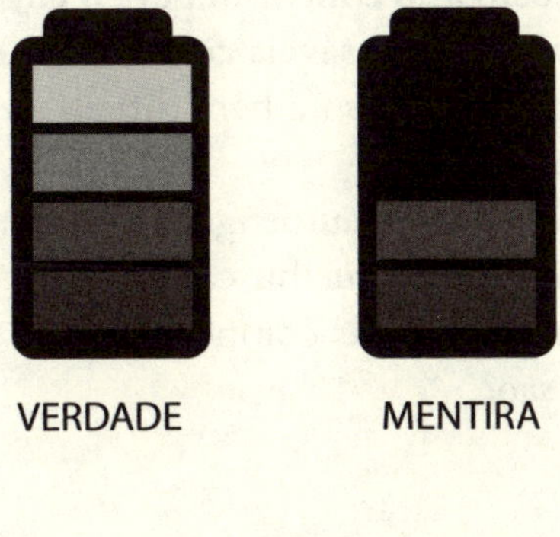

É por isso que a mentira tem perna curta. Cedo ou tarde, o cérebro não consegue sustentar o gasto energético e a pessoa cai em contradição. E mais: ainda que se decida não confrontar o mentiroso, o laço desfeito afetará as futuras conversas, as negociações e, claro, os relacionamentos.

Todos os animais morais do planeta possuem um mecanismo interessante: não nos damos conta de que estamos mentindo, o que reduz o custo cerebral de mentir. É o famoso autoengano.[4] Ao contrário do que se pensa, ele não é exclusivo de muitos que não enxergam que estão sendo traídos ou de outros tantos que criam desculpas esdrúxulas para suas mentiras, por exemplo. **Todos nós mentimos, e sem nem perceber que estamos mentimos.** Somos todos suscetíveis ao autoengano, pois a melhor forma de mentir é começar mentindo para si mesmo.

Quando eu minto para mim mesma, ao expressar essa mentira, eu a entendo como uma verdade. Esse mecanismo existe para que seja mais fácil enganar os outros, com custos menores para o cérebro. Quando me autoengano, a carga cognitiva da mentira é igual à da verdade.

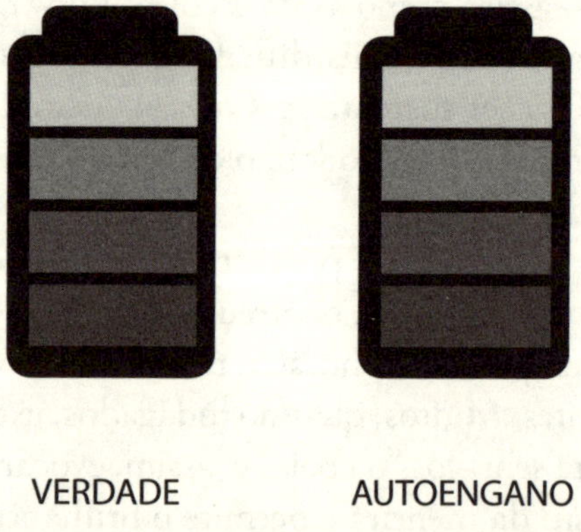

Se entendemos o autoengano, torna-se mais fácil nos conscientizarmos dele. Mas, como **o autoengano contribui para o engano dos outros, evitá-lo significa sermos mais responsáveis conosco e, ao mesmo tempo, com as demais pessoas.** Entretanto isso é bem difícil, pois não basta saber que esse mecanismo existe.

Verificamos com facilidade o autoengano ao inflacionar nossas próprias qualidades ou as qualidades do que buscamos vender. Se você procura um emprego, por exemplo, avalia suas competências de maneira mais positiva do que elas realmente são?

Lembra-se do exemplo do imóvel à venda no capítulo 5, no qual a ancoragem é utilizada para nos fazer pagar mais caro por uma casa? Pois bem, os corretores também podem utilizar o autoengano para fechar uma venda. Uma vez, eu estava à caça de um apartamento, e o corretor me vendeu a ideia de que a vista de um dos imóveis era ótima, pois daria para ver a mata de um parque. Quando cheguei lá, a maior parte da vista era coberta de edifícios – eu estava crente que veria um parque, mas, na verdade, era uma mata de prédios, só com um pedacinho verde. Pode ser que a intenção dele fosse deliberadamente dirigir a minha atenção para essa parte, mesmo que mínima. Mas será que ele aguentaria mentir deliberadamente várias vezes ao dia, todos os dias da semana? Pode ser até que ele se frustre de trabalhar com mentiras e se torne infeliz no trabalho, o que pode trazer problemas de saúde. Mas mentir custa muita energia. Então entra o autoengano: você passa a acreditar que, de fato, dá para ver um parque daquela janela, e tenta vender seu engano a outros.

Você deve estar achando que meu exemplo não parece muito convincente. Mas um vendedor é uma versão declarada de todos nós. Em alguma medida, todos nós vendemos algo: uma ideia, uma qualidade, um projeto, uma coisa. Se queremos um parceiro, um sócio, um emprego, um colaborador, inflacionamos nossa visão de nós mesmos sem perceber, como um pavão que abre as penas. Você sabia que a maioria esmagadora das pessoas, ao ser questionada sobre a qualidade de seu trabalho, dirá que esta é superior, e não inferior à média?[5] Faça as contas: quase metade dessas pessoas está enganada. O autoengano nos ajuda a entender esse tipo de atitude, visto que muitos de nós somos superconfiantes de nossas capacidades.

É importante ressaltar que o engano e o autoengano andam juntos. No cérebro, temos uma região chamada córtex pré-frontal medial, mais próximo da testa, dentro da região frontal (ver a ilustração na página 35). Ela é fundamental para entender ambos os mecanismos. Além disso, no autoengano, para nos avaliarmos melhor, estamos rebaixando a qualidade de outros. Em geral, não fazemos isso em relação àqueles com quem estamos conectados e empatizamos. É por isso que o nepotismo, por exemplo, é proibido por lei, pois temos o costume de beneficiar a nós mesmos e àqueles que identificamos como parte de nós. Consequentemente, é comum apresentarmos argumentos contra outras pessoas – desde a não promoção a um cargo até a desclassificação de um concurso. Contudo, não faríamos igual se as víssemos como parte de nós mesmos. O autoengano produz a ilusão de superioridade moral.

Não precisamos focar em atrocidades para falar de autoengano. Ele aparece em pequenas coisas, em conversas corriqueiras em que defendemos teorias sem fundamento, por exemplo – ou melhor, ao evocar teorias fundamentadas na *nossa* experiência. O que são elas? Uma hipótese sobre algum assunto que nunca será testada e que não representa a experiência da maioria. **Quando nós teorizamos sobre a vida alheia sem embasamento científico, estamos tomando como verdade um único ponto de vista. Estamos falando de nós, não do mundo.**

Questione a si mesmo

Quanto mais vivemos, mais experiências acumulamos e maior é a possibilidade de não cairmos nos mesmos erros. Recentemente, eu estava nadando na piscina do prédio quando a vizinha começou a falar na varanda do primeiro andar, relativamente próximo de onde eu estava. Assim, comecei a acompanhar sua conversa. Ela falava sobre milhões de reais, numa reunião de trabalho. Qual foi minha primeira reação? Pensei: *Ela fala alto e não se preocupa com os outros, uma falta de respeito!* Mas eu precisava pensar assim? É capaz de ela nem ter notado que eu podia escutar a conversa! Lembrei-me de que, quando eu fazia meu pós-doutorado na Universidade de Chicago, todas as salas ficavam com as portas abertas. Com frequência, eu utilizava uma delas para falar via Skype com a família e amigos. Eu nunca parei para pensar que a minha conversa poderia incomodar quem estivesse nas salas ao lado ou no corredor. Por ter tido essa vivência, repensei a posição da vizinha. Sem ela saber, fiz um exercício de empatia. Logo, não fiquei com raiva e evitei reclamar diretamente com ela, o que poderia ser ruim. Mas, como de fato ela estava desrespeitando a nova lei do silêncio, reclamei com o porteiro – assim o prédio poderia dar uma advertência.

A melhor lei é aquela com a qual todos concordam, mas, como você pode imaginar, o consenso absoluto é quase impossível. É por isso que temos que contribuir para a nossa cultura e imaginar juntos novas regras. De todo modo, o direito de um termina quando o do outro começa.

Como fica o autoengano nisso tudo? O problema é que o autoengano reside em muito do que não percebemos e em quase tudo que não *queremos* perceber. É óbvio, assim a vida fica bem mais fácil. Incomodar menos o outro significa, quase sempre, mais trabalho para nós mesmos. Agora, quanto mais poder temos, menos sensíveis somos aos desprovidos de poder.[6] Lógico que isso é subjetivo: há muitos graus de poder e de ausência dele, pois o poder é sempre relativo. Porém, *grosso modo*, quanto mais poder tivermos, maiores serão as nossas chances de resolver nossos incômodos e incomodar os outros.

Mais ainda, somos constitutivamente egocêntricos, ou seja, somos o centro do nosso mundo. Quer dizer, só conhecemos a realidade pelos nossos olhos, e a busca dos nossos interesses vem naturalmente. A alteridade requer esforço e exige enxergar o outro. Depois, ainda temos que entendê-lo, para só então defender seus interesses. Mais trabalho é mais energia. E, se você já chegou até aqui, sabe que não somos propensos a querer gastar estoques de glicose com o interesse alheio. Por isso, a empatia nos ajuda nesse processo: nos conectamos com as demais pessoas e o que é delas passa a ser nosso.

Vamos voltar para quando não empatizamos. Felizmente, podemos melhorar e aprender a ser mais respeitosos com os demais. Não nascemos sabendo tudo, muito pelo contrário! E também não podemos deixar que os aprendizados caiam no esquecimento quando vão contra nossos interesses pessoais ou diminuem nosso poder. É possível evitar sermos como Winston Churchill, conhecido por mudar sua maneira de agir de acordo com o poder que tinha – ou seja, conforme *estava*.

Churchill foi um político inglês do século XX, famoso por ter sido ministro da Guerra e primeiro-ministro do Reino Unido na Segunda Guerra Mundial. Sua vida foi uma montanha-russa, e suas características mudavam bruscamente entre uma fase e outra de sua carreira. O exemplo mais ilustrativo foi sua postura pública diante do desespero de Seretse Khama, o então rei de Bechuanalândia. Quando Churchill era candidato a primeiro-ministro, ele advogou a favor de Khama, que estava em exílio forçado na Inglaterra por ter se casado com uma mulher branca. Uma vez eleito, Churchill mudou de postura radicalmente e não só reafirmou o exílio de Khama, como o fez por tempo indeterminado.[7]

A questão é que se crueldades, por um lado, são realizadas por motivações políticas e econômicas, por outro, muitas vezes as pessoas não são conscientes da imoralidade de seus atos. Esta é guardada no inconsciente, abafada pelo tapete de autoengano, que cria um álibi para nossos crimes.

Parafraseando Maquiavel, dinheiro e luxo também corrompem, como nos mostra a ciência. Parece que basta a chance de ganhar mais dinheiro, ou a mera exposição a artigos de luxo, para que as pessoas sejam corrompidas. A consequência é tão impactante que, sob o efeito de um desses fatores, o raciocínio e as escolhas das pessoas mudam. Elas passam a priorizar mais a si mesmas.[8] Você pode me dizer: "Mas, Claudia, egoísmo não é necessariamente pôr outros em risco". E eu respondo: aqui mora o autoengano.

Em 2008, estourou a crise econômica norte-americana, que levou a economia mundial a uma recessão. Ela foi uma consequência direta da ação de pessoas que não tinham a intenção de prejudicar os outros, só queriam manter seu padrão de vida. Você pode pensar que elas estavam tomadas de cobiça. Enquanto o dinheiro e o poder nos trazem a sensação de independência, o luxo motiva desejos pessoais, provocando um hedonismo que tende a ignorar os interesses alheios.

Dando um passo adiante, devemos nos lembrar do autoengano quando nos sentimos enganados. Vou explicar: antes de classificar um ato como dolo (realizado com a intenção de enganar), precisamos nos lembrar da culpa sem dolo, ou seja, da possibilidade de um autoengano. Na justiça, essa diferença se reflete na sentença, mas não absolve o réu do crime. Desrespeitar o sinal vermelho, se esquecer da camisinha, furar fila são alguns exemplos de uma série de enganos que podem ser oriundos do autoengano. No caso da minha vizinha, a barulheira na varanda poderia ter sido fruto do autoengano.

Onde não temos o poder policial, não podemos punir delitos. No máximo, podemos denunciá-los às autoridades responsáveis. Ainda assim, há questões que ficam numa zona cinzenta, em que não há concordância sobre o certo e o errado. Por isso, devemos voltar nossa atenção às nossas ações. De novo, para melhorar o controle de como nos sentimos, devemos olhar para nós. Até porque o autoengano nos faz vítimas também e pode, inclusive, nos colocar em perigo.

O empresário Steve Jobs rejeitou o tratamento clássico e optou por um tratamento alternativo para seu câncer. No entanto, ele poderia ter feito ambos, pois não eram incompatíveis. De acordo com seu biógrafo, se arrependeu.[9] Não estamos falando de uma pessoa desinformada – Steve Jobs era um homem inteligente e com acesso aos melhores especialistas, mas o autoengano pode ter encurtado sua vida.[10]

Como vimos, é melhor não saber do que saber mal. Ninguém nasce sabendo, já diria o ditado popular. Mas, quando sei que não sei, fico mais aberto a aprender. O mal-informado acha que sabe, tendo sido tomado pelo autoengano. Há muito que sabemos e muito que nem sabemos não saber. Em contrapartida, há muita informação disponível. Não à toa, fragmentamos o conhecimento em milhares de especialidades. Por isso, apoiar-se no achismo em geral está associado a equívocos. No coração desse erro, encontramos o efeito Dunning-Kruger: quanto menos conscientes do nosso desconhecimento, menos propensos ficamos a nos questionar. No capítulo 5, aprendemos que o viés da confirmação nos apega àquilo em que acreditamos, o que nos faz advogar por nossas falsas certezas, aumentando a propensão a permanecermos cegos. **Investir em questionar o autoengano pode gerar benefícios para você e para o mundo.**

Mais *nudge*, menos *sludge*

São raros os dotados da sabedoria de questionar a si mesmos; por isso, precisamos nos educar a respeito do autoengano. Mas, de novo, a energia limitada do cérebro nos impede de questionar mais de uma coisa ao mesmo tempo. Por isso, as políticas públicas são tão importantes e podem proteger a população de *sludge* e beneficiá-la com o *nudge*. Contudo, o que são *sludge* e *nudge*?[11]

A palavra *sludge*, em inglês, refere-se a um empurrãozinho para jogar alguém na lama. Na neurociência, representa algo apresentado de modo enganoso, de maneira que você não o note com facilidade. O exemplo mais ilustrativo são promoções falsas, em que, com frequência, você compra um produto pela metade do dobro. Só não são enganados os que pesquisam ou sabem o valor correto de um produto. Outro *sludge*: os anúncios com valores parcelados que não indicam os juros a serem pagos a cada prestação.

E o *nudge*? Ele é mais conhecido e representa o empurrãozinho do bem, pois nos ajuda a fazer escolhas e tomar atitudes benéficas para nós ou para a sociedade, sem prejudicar ninguém. Talvez você já conheça a mudança na legislação de alguns países que adota o sistema *opt-out* para a doação de órgãos, por meio da qual é preciso escolher não ser doador em vez do contrário. Quando é apresentada a opção de ser doador, uma minoria aceita. Quando nos oferecem a opção de não sermos doadores, também uma minoria aceita. Logo, a questão não é a doação em si, mas a forma como as opções são apresentadas.[12] O sistema *opt-out* facilita salvar mais vidas. Outro bom exemplo são os planos de aposentadoria automáticos. Por isso, as políticas públicas precisam caminhar junto com o conhecimento científico.

Conhecendo as falhas da mente, podemos ter mais *nudge* e impedir mais *sludge*. Nesse caminho, protegemos a sociedade do próprio autoengano, além, claro, do ato deliberado de enganar. Precisamos da educação[13] e da firme implementação de leis para reduzir malefícios. Apesar de termos o potencial de sermos mais justos e democráticos, não podemos perder de vista nossa capacidade destruidora. As pesquisas recentes indicam que provavelmente extinguimos todos os outros *Homos* e sobramos apenas nós, os *sapiens* – além de termos extinguido milhares de espécies da fauna e da flora do planeta.[14] Por isso, é preciso continuar estudando, pesquisando e defendendo leis que nos ajudem.

Já ouviu falar na tragédia do bem comum? Ela apresenta uma sociedade que divide uma colheita igualmente. Um dia, uma pessoa usufrui de uma quantidade maior, prejudicando os demais, e isso passa a acontecer o tempo todo.[15] A partilha não dá certo se todos não concordam com ela. Como o consenso é difícil, implementar regras, além de punições para quem as viola, vem se mostrando a melhor solução.[16] Com equidade e justiça, os problemas diminuem, cria-se mais consenso e aproxima-se da unanimidade.

Você não vai melhorar o mundo sozinho, eu também não. Mas podemos fazer a nossa parte ao buscar atitudes mais éticas. Se você estuda sobre seu mecanismo de autoengano, e eu estudo o meu aqui, e buscamos melhorar, participaremos da vida pública com outra postura. E esta postura está na imparcialidade, a essência da justiça. Somente assim podemos tomar decisões de forma mais justa, visando aqueles que estão em pior situação.[17] Se encararmos o autoengano, reduziremos também o engano. Contudo, não temos nenhuma garantia de que seremos beneficiados diretamente pela nossa atitude. Você não se tornará necessariamente mais rico, nem eu mais poderosa. E isso vale sempre. **A escolha moral exige que você se desapegue de retornos imediatos a fim de contribuir para a sociedade como um todo e, principalmente, para gerações futuras.**

Conheça a si mesmo

1. Nossa postura influencia as pessoas com as quais convivemos.
2. Somos muito bons em detectar traidores e também somos péssimos mentirosos. Contar e sustentar uma mentira custa muito ao cérebro.
3. Porém, curiosamente, nós desenvolvemos também um mecanismo chamado autoengano. É quando contamos uma mentira, mas a percebemos como uma verdade. Ao fazer isso, a carga energética da mentira se iguala à de uma verdade.
4. Quando nos autoenganamos, aumentamos a nossa capacidade de mentir para os outros. É mais fácil trair nossos iguais se, antes, acreditamos na nossa própria mentira. E que tipo de mentira é essa? Que somos melhores do que as outras pessoas, por exemplo.
5. Mas o autoengano também pode ser maléfico para nós. E muitas vezes não somos conscientes dele. Por exemplo, podemos deixar de seguir descobertas científicas para confiar em pseudociências, o que pode nos custar a saúde.
6. Por isso, precisamos questionar o autoengano para beneficiar a vida individual e coletiva. Isso nos permite agir de maneira mais ética e assumir uma conduta moral, ou seja, preocupada em determinar o certo – bom para todos – e o errado – o que prejudica alguém, levando em consideração todos os envolvidos.
7. Não podemos mudar o mundo sozinhos. Contudo, com mais autoconsciência, podemos ser mais respeitosos com os outros. Para isso, é preciso abdicar da ideia de retornos imediatos: você não se tornará necessariamente mais rico ou poderoso, mas contribuirá para uma sociedade mais pacífica e ajudará as próximas gerações a viverem melhor.

8

Liderar para não ser liderado

A aristocrata inglesa Lady Mary Wortley Montagu conhecia como ninguém os danos da varíola. Ela já havia perdido um irmão para a doença e morria de medo de que o mesmo acontecesse com seu filho. Ela própria carregava as marcas dessa enfermidade e sabia que era preciso reconhecer a validade de um procedimento realizado em outras culturas, porém considerado, pela sociedade inglesa, uma estupidez praticada por mulheres analfabetas de Constantinopla. Adotado na China, na Península Arábica e na Índia, o tratamento consistia em retirar o pus das feridas de recuperados pela varíola e, por meio de um corte na pele, misturá-lo ao sangue da pessoa a ser curada ou inoculada. Era necessário ter coragem: o risco de morte era de 1% a 2%. Mas, se o paciente desenvolvesse a doença, a probabilidade subia para 30%. Graças a Lady Mary e a inúmeros anônimos, inclusive africanos escravizados que introduziram a "variolização" na América, hoje temos acesso a vacinas.[1] Eles foram verdadeiros inovadores.

A inovação* anda lado a lado com a criatividade. Se inovação é um processo de implementação que envolve várias pessoas, a criatividade é fruto da imaginação, uma atividade mental individual. Ambas incluem traçar novos caminhos e novos destinos, criando um resultado singular. Mas, para ter inovação, é preciso ter criatividade. E quem é criativo? Todos nós.

---

* As pessoas confundem inovação com invenção, porém não são a mesma coisa. Inventar significa criar algo novo – como um instrumento científico, por exemplo. Inovar seria viabilizar a produção e divulgação desse instrumento, ao ponto de ele ser incorporado à vida das pessoas. Logo, é um processo muito mais transformador.

Toda vez que pensamos em um jeito novo de fazer uma atividade rotineira – desde vestir a roupa e escovar os dentes até ler um livro e pedir comida em um restaurante –, estamos exercendo a capacidade humana de gerar resultados singulares.[2]

Os gênios criativos mergulham em um problema a ser resolvido. Em geral, levam anos de trabalho árduo, com diversas revisões, para chegar lá, e muitas vezes nem são apreciados em vida. Um dos casos mais paradigmáticos é do pintor Van Gogh, cujas pinturas hoje são cobiçadas pelos maiores museus e multibilionários, além de serem impressas em canecas e capinhas de celular, apesar de ele ter morrido pobre e sem nenhum reconhecimento. De todo modo, pessoas geniais possuem muita determinação e mantêm um olho na concorrência e outro na história. Em seus intervalos de descanso, recobram as energias. Lembro-me de conversar com Tom Zé, músico brasileiro e meu vizinho em São Paulo, que me relatou como trabalhava exaustivamente em suas letras. Faz tempo que nos falamos, mas a lição que aprendi com ele é que genialidade não é fruto de um ato sem esforço, pelo contrário. **A criatividade exige que se trabalhe duro.**

O mito do cérebro criativo

Pode ser que algumas pessoas espetaculares tenham sido presenteadas pela genética. Como já mencionei, o nadador e campeão mundial Michael Phelps nasceu com um corpo ideal para natação. Mas a mente de um gênio não é uma anomalia. Lembra-se de que somos da mesma espécie? A humanidade sempre dependeu da criatividade para se adaptar e, portanto, sobreviver. Aliás, nossa consciência muito provavelmente é resultado de um processo coevolutivo à criatividade – quer dizer, foi surgindo à medida que a criatividade foi ficando mais sofisticada. Isso significa que somos a espécie mais inteligente do reino animal? Há controvérsias, a depender do que se entende por inteligência.[3] No entanto, é fato que somos uma das mais adaptáveis, graças à criatividade.[4]

Com certeza você já ouviu falar que pessoas mais emotivas e criativas têm o lado direito do cérebro mais desenvolvido, enquanto indivíduos mais racionais e lógicos são mais dominados pelo lado esquerdo.[5] Essas afirmações nos rodeiam desde meados do século XIX, quando cientistas verificaram que o lado esquerdo do cérebro tinha papel fundamental para a linguagem (o que hoje sabemos não ser verdade para todo mundo). Mais tarde, pesquisadores defenderam a ideia de que temos um lado do cérebro que predomina, fazendo surgir as famosas crenças que duram até hoje. Esse mito se popularizou no fim daquele século, com o livro *O médico e o monstro*, de Robert Louis Stevenson, com a competição do lado emocional com o racional nos personagens Dr. Jekyll e Mr. Hyde.

Atualmente, há livros, testes e vídeos na internet que nos ensinam a usar o lado direito do cérebro para desenhar, escrever ou gerenciar equipes. Quando eu nasci, na década de 1970, essas ideias começavam a proliferar devido à pesquisa do vencedor do Prêmio Nobel Roger Sperry. Ele se dedicou a estudar o "cérebro dividido". Ao cortar o corpo caloso – um conjunto de fibras neurais que funciona como uma ponte que liga os dois lados do cérebro – de pacientes com epilepsia, Sperry notou que eles passaram a ter comportamentos peculiares como abotoar a camisa com uma mão e desabotoar com a outra, por exemplo. Por isso, o cientista se dedicou a entender quais funções eram mais localizadas de um lado ou de outro, mas nunca defendeu que havia alguma conexão entre eles e tipos de personalidade.

O que podemos afirmar é que **desenvolver a criatividade implica estar aberto às mudanças.**[6] Que tal, mais do que pensar fora da caixa, destruir a caixa? A ciência mostra que sair da rotina, buscar novos caminhos, se expor a diferentes paisagens ou conversas e exercitar pensamentos que sejam divergentes do seu estimulam a criatividade. E sabe por quê? Porque **não existe mente criativa, e sim estado mental criativo.**

O estado mental criativo pode estar com você um dia e desaparecer no outro. Ele também não pode ser sufocado pela busca do raciocínio lógico – ou seja, um estado que subentendemos como a supressão de emoções. Como exposto no capítulo 4, as emoções são cruciais para nossas escolhas e a atividade mental como um todo, o que inclui a criatividade.[7] Quanto mais a mente é pressionada, menor é a probabilidade de ela ser tomada pela inspiração. Portanto, via de regra, um estilo de vida saudável é fator determinante. Apesar de não ser uma novidade, organizações e gestores infelizmente ignoram que, para sermos saudáveis, precisamos de tempo. E isso piora quando a mídia e o senso comum reforçam a história trágica de grandes criativos, que muitas vezes sofriam com vício em drogas, transtornos alimentares, depressão e outras questões graves.

A verdade é que o bom sono, a boa alimentação e a prática de atividades físicas são fundamentais para ser mais criativo, ter uma vida mais feliz (assunto do qual falaremos no capítulo 9) e, é claro, manter o foco. Mesmo quando não é possível atingir o bem-estar ideal, o foco permanece crucial

– e, junto dele, a motivação, ou seja, o "impulso interno que leva à ação". Este é um ingrediente necessário para a criação, e um muito melhor que "esperança", uma atitude que nos coloca apenas "à espera de que algo aconteça". Podemos concluir que **a criatividade não exige um cérebro anômalo, mas, sim, esforço, disciplina e autocuidado.**

O líder é quem organiza

Se a criatividade exige esforço, disciplina e autocuidado, ela é o combustível da liderança. Este termo possui muitos significados, e não há consenso sobre sua definição.[8] Aqui, vou considerar a liderança como a capacidade de inspirar e inovar; logo, de transformar. Assim, ela é muito mais do que a competência de um gestor ou chefe, que só define tarefas, metas e objetivos, cobra resultados etc.

A liderança anda junto com a inovação. Os líderes entram na história por inovar em seus campos. É bem verdade que nem todos são creditados ou lembrados. A história elege apenas alguns inovadores, quando, na verdade, é feita por inúmeros líderes ao longo de anos, às vezes décadas.

Sem liderança, não haveria espaço para a inovação. Por exemplo, imagine se Lady Mary não tivesse lutado para que o tratamento da varíola fosse reconhecido? Mais pessoas teriam perdido suas vidas, como de fato aconteceu no período que a antecedeu. O que seria de nós sem as inovações? Seríamos mais caóticos e, portanto, mais desorganizados. Por isso, podemos afirmar que a inovação é o oposto da entropia, que, por sua vez, mede o grau de desordem ou aleatoriedade. Quanto mais entrópico um processo, mais caótico e mais aleatório; quanto menos entrópico, menos aleatório e, portanto, mais organizado.[9] E o que a sociedade precisa é de organização.

Já vimos como nosso cérebro detesta mudança. Nós a aceitamos apenas quando é notável a vantagem que ela traz. E isso é verdade para todas as inovações, pois elas são mudanças radicais por definição. E, se é por meio da liderança que as inovações acontecem, fica perceptível como ambas exigem muito esforço. Lembra-se do paradoxo de Ellsberg, do qual falamos no capítulo 5? Inovar exige abraçar o incerto, e não gostamos disso. Nossa tendência à inércia nos faz continuar na mesmice, ainda que ela seja pior.

Aqui não estou me referindo somente ao plano coletivo, mas ao individual também. Estamos acostumados a falar de liderança e inovação nos negócios, mas, para realizar tarefas, resolver problemas e coordenar esforços, temos que ser líderes da nossa própria vida. Assim, reduzimos a entropia, organizamos nossos afazeres e vivemos de maneira mais equilibrada. Sem a redução entrópica, é impossível inovar, porque gastamos energia apagando incêndios, e não criando formas diferentes de conduzir atividades cotidianas. Por causa disso, **autolíder é quem reduz constantemente a entropia e ganha mais controle sobre sua vida.**

O ingrediente essencial para essa liderança é a liberdade.[10] Veja que, aqui, não me refiro à definição do senso comum, que foca na liberdade de ir e vir ou na liberdade de expressão. Falo da liberdade mental, que possibilita a inovação mesmo nas circunstâncias mais improváveis. Por exemplo, durante a pandemia, eu e meu marido ficamos separados pelo oceano Atlântico. Por isso, nos reorganizamos para ter uma rotina mais sincronizada, apesar do fuso. Da minha parte, eu queria dormir mais cedo para acordar mais cedo, mas a missão se provou impossível, o que me gerou mais ansiedade. Minha primeira reação foi meditar mais, mas não ajudou. Depois, procurei tratamento médico, mas demorei para perceber que a medicação deixava minha boca seca e me dava vontade de ir ao banheiro, atrapalhando ainda mais meu sono. Com o tempo, o médico desconfiou que minha vespertinidade também estava relacionada à minha sensibilidade à luz, que afeta a produção de melanopsina, fundamental na regulação do ciclo de vigília e sono. Então, passei a utilizar apenas iluminação amarela e de baixa intensidade a partir do pôr do sol. Além disso, passei também a deixar a luz do sol entrar uns trinta minutos antes da hora que desejava levantar para não cair na tentação de ficar deitada. Além da medicação, precisei de foco e disciplina. Mais ainda, como vimos no capítulo 1, precisei ter maior acurácia sobre o meu sono e como me sentia. Em uma semana, vieram os primeiros resultados; depois de duas, de maneira ainda mais significativa. Me tornei mais produtiva. No fim, reduzi a entropia de tal maneira que sinto os benefícios até hoje.

Para entender melhor, pense na vida como uma orquestra. Ela pode tocar sem maestro, mas, como já aprendemos, ninguém quer viver no piloto automático. No entanto, se você está lendo estas páginas é porque não só é o maestro da sua orquestra, como está treinando para melhorar, já que a mente pode liderar a sinfonia entre corpo e cérebro. Perceba, então, que a autoliderança começa com nossos sentimentos.[11] Ao desenvolver acurácia de como nos sentimos, sabemos onde precisamos nos reinventar. Pouco importa se a mudança acontecerá por desejo, necessidade, ou pelos dois: a liberdade mental é crucial. Em outras palavras, sem ela não temos como enxergar que queremos ou precisamos de algo diferente. E mais: essa liberdade pode ser facilitada pelo pensamento científico, nos impedindo de cair em mitos, superstições e pseudociências. Portanto, **autoliderança é um exercício de liberdade mental.**

O líder não procrastina

Faz milhares de anos que o ser humano procrastina, mas, após a Revolução Industrial, a procrastinação prevaleceu.[12] O novo ser urbano procrastina mais do que o antigo ser nômade, pois este não podia se dar ao luxo de ignorar a mãe natureza. Mas, como a dominamos em vários aspectos, fomos brindados com a possibilidade de postergar nossos planos.[13]

Porém é importante fazer uma distinção. Procrastinação é diferente de ócio criativo. O ócio criativo é um tempo crucial para o afastamento, o lazer, o questionamento, a ponderação, o preparo.[14] Ele permite que a criatividade aconteça. Para que ele seja praticado, é importante descansar, algo que nossa sociedade dificulta cada vez mais. Estamos ligados vinte e quatro horas por dia a dispositivos eletrônicos que exigem respostas e soluções instantâneas. Trabalhamos o tempo todo, sem dormir, comer e relaxar devidamente, o que aumenta o cansaço e as chances de o corpo procrastinar por falta de energia. Sem falar de outras questões, como o vício em redes sociais e as facilidades provenientes de um mundo cada vez mais tecnológico. Talvez por isso os números indiquem que a procrastinação aumentou muito nas últimas décadas. Ainda que seja complicado delimitar em qual ponto a procrastinação começa e o ócio criativo termina, considero aqui que **procrastinação é o ato de deixar para outro momento o que deveria ser feito agora**. Por isso, é preciso tomar cuidado com a crença de que procrastinar faz bem para a performance. Enquanto descanso e ócio criativo são necessários para a saúde e a qualidade de vida, os dados mostram que a procrastinação gera estresse, mais ansiedade e até depressão.[15]

Em geral, o índice de procrastinação na universidade é assustador e gira em torno de 80% a 95%, ou seja, quase todo universitário procrastina. Isso não muda muito na vida profissional, em que quase todos o fazem, sendo 20% dessas ocorrências associadas a péssimos resultados e prejuízos. Que, claro, poderiam ser evitados. Os poderosos não estão para trás, pois suas decisões tardias geram prejuízos de milhões a bilhões de reais, dólares, euros, em organizações e governos.*[16]

O que nos faz procrastinar? Bom, para começar, não somos muito bons em programar o nosso tempo. Como aprendemos no capítulo 4, isso afeta nossa tomada de decisão. Mas, se a saúde mental vai bem, o vilão por trás da procrastinação são as tarefas aversivas. Via de regra, inclui tudo que é difícil. Quanto mais repulsiva for uma atividade, mais você vai procrastinar. Se ela for prazerosa, você não vai ficar adiando. Essa é a teoria da motivação temporal: tarefas aversivas não são motivadoras – e, quanto maior o prazo, mais demoramos a realizá-las.[17] Então como enfrentar o monstro da procrastinação? Pense em algo...

1. Torne-se consciente do presente

Se há uma moda que realmente possui fundo de verdade, é a da atenção consciente. Invista em atividades que aumentem a sua concentração.

2. Lute pequenas batalhas

Pense na procrastinação como uma grande guerra. Como você pode vencê-la? Ganhando pequenas batalhas. Organize as tarefas em atividades menores. Foi assim que escrevi este livro: cada capítulo, uma batalha – que lutei com muito prazer, diga-se de passagem. No início, parecia algo dantesco, como uma guerra de cem anos. Mas, capítulo por capítulo, organizei as ideias e passei da mente para o "papel".

3. Recompense a si mesmo a cada vitória

Como não somos de ferro, se dê uma recompensa depois de cada vitória, o que inclui descanso e ócio criativo. Assim, estará renovado para voltar aos passos 1 e 2, até vencer a guerra.

* Estes estudos levam em consideração os dados sociodemográficos. Os números de procrastinação na faculdade são absurdos e vêm de alunos que não trabalham. São números alarmantes e que consideram as horas de estudo, sono etc. Se, além disso, houver condições sociais em jogo, somam-se dois problemas distintos, mas igualmente importantes, o que pode piorar ainda mais a saúde e a qualidade de vida.

O líder inspira

No que diz respeito à liderança no sentido mais amplo – ou seja, não só de si mesmo, mas de um grupo de pessoas –, ela não pode ser imposta, mas deve ser conquistada. Ainda assim, muitas organizações classificam os gestores como líderes. Mas um gestor não é necessariamente um líder. Quem determina isso é a memória dos antigos subordinados, que podem ou não guardar e propagar a imagem de um líder depois de afastados.[18] O mesmo se dá na vida pessoal. Como? Inspirando. Só os que inspiram aqueles ao redor é que são dignos de serem chamados de líderes.[19] Lembre-se: **nós obedecemos ao chefe, mas seguimos o líder.**

Mas, isso significa que jamais poderemos ter uma sociedade formada por líderes? Que, na prática, precisamos ter alguém especial a quem seguir? Não. Pelo contrário: foi provavelmente assim que passamos a ser a espécie dominante no planeta.

Dado que vivemos com muita desigualdade, falar em liderança para todos parece hipocrisia. Como vimos, ela é dependente de liberdade e, numa sociedade hierárquica, a liberdade é privilégio de cargos mais altos. Por exemplo, algumas empresas deixam os funcionários livres para determinarem o horário de trabalho presencial. Na prática, a maioria tende a chegar cedo e partir tarde. Uma colega coreana me contou que, no seu país, não é costumeiro sair do escritório antes dos superiores, mesmo que o fim de expediente seja igual para todos.

Poderíamos pensar: *Bom, mas seria impossível ter uma sociedade horizontal!* Na sociedade, há vários contratos assinados em que prevalece a vontade do mais forte – como o de patrão e empregado. Pode acontecer o mesmo até com relações pessoais, como no casamento. Mas e se eu disser que, em nossos subsolos, há uma vasta rede subterrânea que pode nos ensinar a lidar melhor com a desigualdade? Os fungos perduram há mais de 400 milhões de anos e sobreviveram a extinções em massa. Se amanhã houver outra, inclusive, é quase certo que nós seremos extintos e eles não.[20] Como eles se organizam, então?

Pense num mapa de metrô: cada raiz é uma estação, que está conectada a outras através dos fungos. Eles se organizam em filamentos mais finos que um fio de algodão, que podem ter muitos metros de comprimento, até mesmo um quilômetro. A vasta maioria das plantas do planeta está conectada por esses fungos. Há um mercado entre as raízes e os fungos, em que estes precisam de açúcares e gorduras das raízes, e estas, por sua vez, precisam de fósforo e nitrogênio dos fungos. Eles negociam, mas, diferentemente de nós, são melhores em reduzir a desigualdade, porque colaboram com as raízes mais pobres. Funciona assim: raízes mais ricas precisam de menos fósforo e nitrogênio que as mais pobres. Então, os fungos oferecem menos fósforo e nitrogênio para elas do que para as mais pobres. Logo, eles ganham mais açúcares e gorduras das raízes mais pobres, que, por sua vez, ficarão mais saudáveis com a negociação. Essa é a famosa negociação ganha-ganha de que tanto se fala no mundo dos negócios. Entretanto, enquanto ela costuma ser retórica nas organizações humanas, acontece de fato no subsolo.[21]

O que muito aprendemos com os estudos desses fungos é que eles possuem uma democracia que representa o que buscamos: horizontalidade de poder e igualdade de direitos. A verdade é que, quanto mais horizontal é uma organização, maior é a produtividade.[22] O filme *The Square – A arte da discórdia* gira em torno de uma obra de arte na qual todos têm direitos e deveres iguais dentro dos limites de um quadrado. Assim como filósofos e neurocientistas, no filme, a obra atribuída à artista Lola Arias questiona teorias da consciência e os limites ilusórios do corpo. Na história, e na vida real, precisamos ter a consciência de que estamos inter-relacionados uns com os outros, assim como os fungos estão com as raízes, fenômeno conhecido como relacionalidade.[23] Esse discernimento é que possibilita buscar a horizontalidade do poder.

Pesquisadores acreditam que, ao cooperar com as raízes mais pobres, os fungos estão agindo em benefício próprio. Isso equivale a dizer que não buscam reduzir a desigualdade, mas que ela é uma consequência da relacionalidade. Por isso, não poderíamos inferir nenhuma leitura de egoísmo ou altruísmo, e sim de uma convivência harmônica, mesmo que inconsciente. No capítulo 2, vimos como estamos na transição entre parentesco e grupo, a qual poderíamos influenciar de maneira que se crie mais equilíbrio entre nós e o mundo.[24] Isso significaria desenvolver liderança.

Nem marcianos, nem venusianos: todos terráqueos

Quem não se lembra de que homens são de Marte e mulheres são de Vênus? Arrisco-me a dizer que foi uma crença bem disseminada nos anos 1990. Mas o cérebro não é um órgão genital. Apesar dos hormônios sexuais, é mais parecido com o coração, o fígado, os rins, por exemplo.[25]

É verdade que pessoas do sexo masculino têm mais massa cinzenta e, portanto, são mais inteligentes? É verdade que o sexo feminino é mais empático? O masculino é melhor para ler mapas? O feminino possui processamento de linguagem diferenciado? Se você não gabaritou esse teste, é hora de voltar para a Terra, pois tudo isso está se mostrando um exagero. Seriam todas essas interpretações o resultado de um viés sexista? Parece que sim.[26] A verdade é que não pode existir nenhuma diferença em nossa biologia que justifique o abismo que existe entre homens e mulheres na sociedade.

O fato é que um mundo sexista acaba por gerar uma ciência sexista, ecoando divisões entre sexos que mais atrapalham do que ajudam. O bom é que, com o tempo, a ciência se corrige. No entanto, a imprensa e a sociedade demoram a incorporar essas correções, transformando erros em crenças. O termo neurossexismo[27] foi cunhado para denunciar o machismo por trás da procura por diferenças cerebrais entre os sexos, pois essa postura ignora a vastidão de semelhanças e coloca holofotes nas diferenças. Mesmo assim, vale notar que a "guerra dos sexos" continua para muitos cientistas.[28]

É natural pensar que, se os hormônios que circulam no cérebro são diferentes, o comportamento também é.[29] No entanto, algumas evidências apontam para outra direção.[30] Vejamos estes dados, por exemplo: há mais homens em ciência e tecnologia e mais mulheres em educação e enfermagem. Essa correlação não significa, necessariamente, uma relação de causa e efeito, a saber, que eles são mais capazes para áreas de pesquisa e elas para as de cuidado. Essas prevalências não precisam ser explicadas por diferenças biológicas, uma vez que basta o peso da cultura para determinar papéis sociais.[31] Não é de se surpreender que isso acabe delimitando a vida das pessoas. A realidade é que podemos encontrar enfermeiros e engenheiras competentes ou incompetentes. Homens podem ser bons ouvintes e mulheres podem ser boas astronautas.[32]

Cada vez mais me vejo com uma série de características, positivas e negativas, muito parecidas com as do meu pai. O mesmo posso dizer da minha mãe, mas isso eu já percebo há décadas. Como vou saber discriminar o que aprendi convivendo com eles e o que é intrínseco a mim?

Como espero que você já tenha aprendido neste livro, é fundamental entender e separar aquilo com o que nascemos do que adquirimos em vida. Ou seja, o famoso *nature versus nurture*, que significa genética *versus* ambiente. Mas, como crianças são esponjas para adotar regras sociais, elas logo internalizam os estereótipos. Dessa forma, se há diferenças cerebrais inatas entre os sexos, elas devem ser encontradas em recém-nascidos. E nós as encontramos? Todos os estudos que afirmaram algo do tipo são extremamente contestados. Em outras palavras, o problema está em ter certeza dos resultados. Um estudo recente surpreendeu ao verificar que meninos "falam" mais que meninas nos primeiros meses de vida. Caso seja confirmado, a hipótese que melhor explica esse achado é a de que bebês do sexo masculino eram mais vulneráveis à mortalidade infantil ao longo de nossa evolução, que, por sua vez, pode ter selecionado os que "falavam" mais, pois aumentavam as chances de sobrevivência.[33]

Meninas subestimam mais suas capacidades intelectuais, enquanto meninos apresentam maior dificuldade para descrever seus sentimentos. Por quê? Há pouca discussão sobre o efeito gerado ao longo da vida, o que é preocupante, pois as estatísticas de suicídio são maiores para homens, assim como a violência doméstica é maior para mulheres, sem falar na taxa de homicídio na população trans – o que denota o absurdo a ser combatido.

O mundo baseado no abismo entre os sexos constrói cérebros rotulados que polarizam meninos e meninas, homens e mulheres, feminino e masculino, homo e hétero, passivos e ativos. Mas vale notar que estudar diferenças entre sexos é parte da ciência - e explicação não é sinônimo de justificativa para preconceitos.

Mulheres não são mais empáticas.[34] Homens não são mais focados. Portanto, mulheres não são melhores líderes por conta da empatia, assim como homens não são melhores líderes porque teriam mais foco. **Todos podem ser bons ou maus líderes, pois liderança não conhece sexo.**

Livre-arbítrio: crer ou não crer?

No filme *De caso com o acaso*, descobrimos duas versões da história de Helen, interpretada por Gwyneth Paltrow. No começo da trama, ela é demitida e, ao voltar para casa, depara com as portas do metrô fechando. Na primeira versão, ela consegue entrar no vagão, chega mais cedo em casa, mas encontra o namorado na cama com outra, o que a leva a terminar o relacionamento. Na segunda versão, ela perde o trem, é assaltada e chega em casa depois que a amante foi embora, então a relação continua. Em *Certo agora, errado antes*, também temos duas versões de uma mesma história. Yoon, interpretada por Kim Min-hee, é uma artista plástica que conhece o diretor de cinema Ham, papel de Jung Jae-young. Os dois passam o dia juntos. As versões diferem nas falas e ações dos personagens, e como eles alteram o curso do relacionamento. Por exemplo, na primeira versão, Ham se oferece para carregar a bolsa de Yoon e aproveita para dar uma espiada no que tem dentro. Yoon não faz nenhum comentário. Na segunda versão, Yoon pergunta o que ele está olhando. Qual é a diferença entre os dois filmes?

No primeiro, o diretor e roteirista Peter Howitt apresenta o determinismo no amor. Um relacionamento pode continuar ou não a depender de algo tão banal quanto pegar o trem mais cedo ou mais tarde. Já o cineasta Hong Sang-soo advoga pelo livre-arbítrio. *Certo agora, errado antes* mostra o quanto nossa postura pode influenciar a emoção, a percepção, o sentimento e o comportamento do outro. Nem tudo está escrito nas estrelas.

Para podermos falar de liderança, como vimos, temos que pensar na liberdade mental. Mas também é preciso aceitar que possuímos agenciamento para tomar escolhas, o que nos leva a considerar o livre-arbítrio.

Antes de responder à pergunta do intertítulo, peço que imagine um homem que seja um bom pai e um bom marido. De repente, ele começa a prostituir crianças e assediar a própria sobrinha. Ele é condenado por pedofilia e entra num programa de reabilitação, mas não responde ao tratamento. Solicita-se uma ressonância cerebral, e o resultado revela um tumor localizado na porção frontal do cérebro fundamental para regular o comportamento social, que inclui o controle de impulsos sexuais. O paciente é submetido a cirurgia, o tumor é removido e o comportamento pedófilo desaparece. Algum tempo depois, o comportamento pedófilo ressurge e uma nova ressonância confirma a recidiva do tumor.[35]

Casos assim são raríssimos, mas acontecem. Muito mais importante que tumores é um famoso estudo que nos mostrou que o cérebro determina, aproximadamente meio segundo antes, o que achamos que escolhemos. Em outras palavras, até aquilo que nós achamos que decidimos pode ser só uma resposta cerebral.[36] Se conseguirmos ter a mente aberta, estudos como esse nos fazem questionar a visão de que temos total controle sobre nossas escolhas, como vimos nos capítulos 4 e 5.[37] Isso quer dizer que não somos responsáveis pelas nossas escolhas e ações? Se a química do cérebro determina o que eu faço ou deixo de fazer, eu poderia ser culpado de qualquer coisa? Eu teria algum controle sobre a minha vida? E agora: existe ou não livre-arbítrio? Ou: temos 100% de livre-arbítrio?[38]

Não há um consenso na resposta dessas perguntas.[39] No entanto, neurocientistas e psicólogos buscam responder se devemos crer ou não no livre-arbítrio. Quanto de agenciamento possuímos ainda é desconhecido, porém sabemos que acreditar nele não prejudica o cérebro e, por sua vez, modifica o comportamento.[40]

Para facilitar, vou explicar um dos estudos que seguem por essa linha. Os pesquisadores dividiram os voluntários em dois grupos. Num grupo, as pessoas liam textos que defendiam o determinismo, ou seja, a crença de que somos resultado das condições do ambiente. No outro, as pessoas liam textos que defendiam o livre-arbítrio, ou seja, a ideia de sermos donos das nossas escolhas. Na sequência, ambos os grupos realizaram um teste em que eram expostos à chance de colar. Havia um botão que, se pressionado, oferecia respostas corretas. O que aconteceu? O grupo induzido a acreditar no determinismo colou muito mais do que o grupo induzido a acreditar em livre-arbítrio. O cérebro foi influenciado pela leitura, o que fez que agisse de acordo com o texto lido sem que os indivíduos percebessem.[41] Junto com outros estudos,[42] este sugere que crer em livre-arbítrio promove a honestidade.

Portanto, crer ou participar do debate sobre o livre-arbítrio influencia o cérebro e o comportamento de maneira positiva, contribuindo para relacionamentos melhores e uma construção social mais saudável.[43] Crer em livre-arbítrio supera sua possível não existência, pois, **ao acreditar que somos agentes de nossa vida, assumimos o controle e direcionamos a ação do cérebro**; em outras palavras, nos tornamos líderes. Diante desse resultado, será que o livre-arbítrio é mesmo uma ilusão?[44]

Conheça a si mesmo

1. Não existe cérebro criativo ou analítico, mais lado direito ou lado esquerdo. A criatividade é um estado mental que diz respeito a estar aberto. Para que ela seja desenvolvida, é preciso trabalhar duro. Exercite sua criatividade!
2. A criatividade é o combustível da inovação, ou seja, do ato de mudar a maneira como realizamos atividades cotidianas. Mas, para inovar, você precisa desenvolver a liderança, a habilidade de reduzir a entropia (o caos).
3. Todos nós somos líderes. E não existe essa de que homens lideram melhor que mulheres, de que as mulheres são líderes mais empáticas que os homens, nada disso. Liderar começa com cada um de nós, pois podemos diminuir a entropia para ganhar maior controle sobre a nossa vida. Se você fizer isso, já será líder de si mesmo.

4. Sendo líderes da nossa própria vida, podemos também liderar outros. A liderança pressupõe liberdade mental. Você tem que avaliar seus sentimentos com acurácia, avaliar o que pode fazer para se sentir melhor e, assim, se organizar para realizar suas tarefas. O líder organiza e não procrastina!

5. Além do mais, liderança não é a mesma coisa que obediência. Obedecemos ao chefe, mas seguimos o líder. O chefe manda; o líder inspira.

6. Para ter a postura correta diante de situações difíceis, é importante acreditar no livre-arbítrio, quer ele exista ou não. Se você acreditar que é agente de sua própria vida, vai se responsabilizar por suas escolhas, assumir o controle e direcionar a ação do cérebro.

9

A construção da vida feliz

Fala-se muito de felicidade. Por quê? Porque ninguém sente saudade de sofrer. Ninguém se sente bem quando está mal. Buscamos o contrário do que nos atormenta, seja a tristeza ou qualquer outro sentimento ruim. Mas, se buscamos muito ser felizes, podemos acabar ficando muito pior. Querer ser feliz a todo instante é uma obsessão da nossa sociedade, mas uma tarefa impossível para o cérebro. E causa frustração. Por isso, apesar de cada um definir felicidade como quiser, aqui, este termo é usado para designar um estado passageiro.

Nosso mundo é feito de contrastes, e nós somos máquinas de detectar diferenças. Se for muito pequena, nosso cérebro não a detecta. Se for grande o suficiente, o cérebro a localiza com facilidade. Já vimos isso no capítulo 3, quando aprendemos a importância do contexto nas nossas percepções. Mas vale relembrar, então dê uma olhada na imagem a seguir. Em qual lado o círculo está mais nítido?

É óbvio que no lado direito. Isso porque é mais fácil ver uma cor clara se o fundo for mais escuro, ou seja, se o contraste for maior. Da mesma maneira, precisamos experimentar a tristeza para saber o que é felicidade.

Por exemplo, se você está de luto porque alguém muito querido faleceu e, em seguida, recebe a notícia de que um vizinho desconhecido também morreu, a nova informação provavelmente não vai alterar muito o seu estado de tristeza. Porém, se você estiver triste porque se desentendeu com alguém e ainda receber a notícia da morte de uma pessoa querida, como a segunda notícia é muito pior, você ficará muito mais triste.

Em outras palavras, não sentimos a diferença entre graus de tristeza se recebemos notícias tristes de igual ou menor intensidade, tal como acontece na imagem da esfera ao lado esquerdo, em que ela não se destaca mais porque o contraste com o fundo é menor. Com a felicidade, acontece algo parecido, mas pior, porque somos muito mais sensíveis ao que reduz a felicidade do que ao que reduz a tristeza.

O ser humano prefere não ganhar do que perder,[1] como vimos brevemente no capítulo 4. Nosso cérebro funciona de tal forma que contrastes considerados negativos têm um peso muito maior do que positivos. Tudo culpa da evolução: nossos ancestrais precisavam se defender de predadores com maior eficiência, como foi explicado no capítulo 5.

Em tese, isso serve não só para a felicidade, mas também para outros sentimentos, como o amor. Assim, se vivenciamos o desamor, valorizamos muito mais o amor. Porém a obsessão por nos sentirmos amados o tempo todo pode nos levar a uma eterna insatisfação também. É como se retirássemos o contraste, e as esferas da imagem na página anterior se confundissem com o fundo. É por isso que o "felizes para sempre" é coisa só de contos de fada: se fôssemos, nossos filhos jamais valorizariam a felicidade.

Nossa vida é construída de momentos consecutivos, que podem ser mais ou menos contrastantes. Ou seja, há instantes de felicidade e tristeza, de bem-estar e mal-estar, e assim por diante. Por isso, o melhor é chegar mais próximo do ponto em que as diferenças são suaves, mais ao meio, onde há menos oscilações gigantescas. Isso porque, quanto mais perto dos extremos, maiores são as oscilações. Um bom exemplo é o da euforia e da depressão. Se você atinge níveis altos de euforia, as chances são de que, em seguida, caia no outro extremo, que é a crise depressiva. É como viver numa montanha-russa. Por isso, pessoas que vivem com bipolaridade, quando buscam tratamento e se cuidam, aprendem a lidar com essas mudanças bruscas e passam a controlar melhor como se sentem.

A justa medida*

O ponto mais próximo do eixo seria a neutralidade, cujo entendimento pode ser facilitado se pensarmos num outro tipo de contraste que faz parte da nossa vida: a temperatura. Ela pode ser quente ou fria, porém a maioria das pessoas prefere o morno – algo no meio do caminho (e, em geral, nesse estado, nem notamos a temperatura; ela é "ambiente"). Porém são raros os locais com temperaturas amenas e constantes durante o ano inteiro.

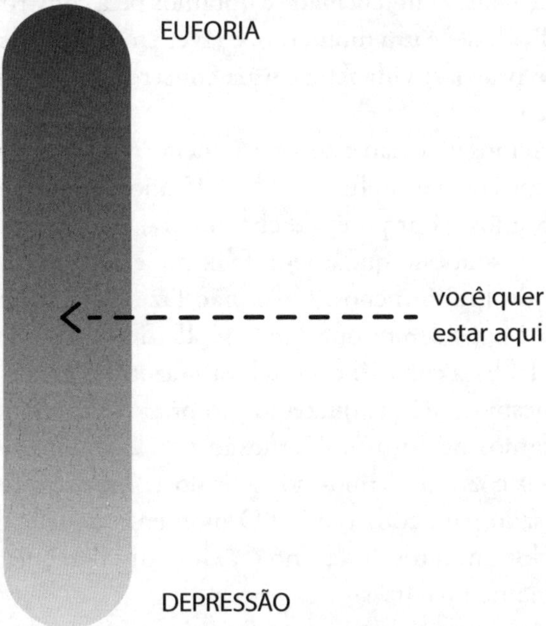

É claro que a temperatura é sentida de modos diferentes. Aqui cabe muito espaço para subjetividade. Eu mesma tenho um primo que vive há décadas na Finlândia e aprecia o inverno praticamente sem luz e o verão praticamente

---

* Os gregos e latinos denominavam de justa medida (ou medida áurea) o equilíbrio entre dois polos contrários. Eles consideravam que, na vida humana, era sempre preciso buscar essa estabilidade diante dos acontecimentos do cotidiano. Um poema que simboliza bem é "Ode II, 10", de Horácio, poeta romano, que escreveu: "Quem quer que honre a áurea justa medida,/ comedido, abstém-se das misérias/ do teto sórdido e, sóbrio,/ ausenta-se do invejável palácio". Rodrigues, M. (12 de abril de 2018). *Tradução: Ode II, 10 de Horácio*. Medium. Recuperado em 31 de agosto de 2023, de https://medium.com/@mahrodrigues/tradu%C3%A7%C3%A3o-ode-ii-10-de-hor%C3%A1cio-2aff557bffba.

sem noite. Seu corpo se adaptou sem prejuízos, enquanto eu nunca me adaptei aos extremos de temperatura impostos em Chicago. Inclusive, depois dessa experiência, passei a valorizar a temperatura de São Paulo, que hoje considero muito mais amena. Vale mencionar que, para algumas pessoas, basta ter aquecimento e ar-condicionado, mas, para a vasta maioria, um inverno rigoroso, assim como um calor infernal, não é resolvido apenas com um bom aquecimento ou ar-condicionado. Assim como um bom clima, o bem-estar, a felicidade etc. são determinados pela subjetividade de cada um.

Essa neutralidade pode parecer sem graça, mas passa a ser mais atraente se deixamos de pensar em felicidade e optamos pela construção de uma vida mais feliz. **Felicidade[2] é um momento, e viver em função de um momento é viver no curto prazo. A vida feliz é uma construção e, assim, é um projeto de longo prazo.**

O que queremos hoje não é necessariamente o que queríamos no passado nem o que vamos querer no futuro. Com 18 anos, eu sonhava em ser arquiteta. Com 28 anos, já arquiteta e engenheira, não queria mais trabalhar com isso. Se eu soubesse que a vida feliz pode ser uma construção, acho que teria sofrido muito menos. Hoje, não faz sentido que adolescentes se cobrem tanto e considerem que uma escolha feita aos 18 anos precisa ser para toda a vida. Essa consciência nos leva a fazermos considerações e avaliações de nós mesmos, do que queremos no presente e, ao mesmo tempo, do que vislumbramos no futuro. A reflexão nos leva novamente à diferença dos verbos *estar* e *ser*, que vimos no capítulo 1: *estar* se refere ao momento; *ser* deve ser usado para construções. O momento de felicidade pode durar alguns segundos, minutos, horas, no máximo um dia, que não serão consecutivos e eternamente felizes.

Mas atenção: é bem verdade que a felicidade não é eterna – como vimos, é um estado temporário –, porém a construção de uma vida feliz inclui o que já foi vivido. Por isso, você pode estar triste, mas se considerar alguém feliz.

A busca por uma vida mais feliz sempre vai ter espaço para oscilações, assim como a temperatura. Há invernos e verões, assim como primaveras e outonos. Entretanto, quanto mais consciente ficamos das oscilações, mais podemos nos aproximar do caminho do meio, evitando a montanha-russa de estados atormentadores e debilitantes. Isso quer dizer que é possível evitar que eles venham a acontecer? Não, mas conseguimos lidar melhor com a transitoriedade e, por consequência, essas situações se tornam menos frequentes e mais proporcionais. **Se estou muito feliz, preciso me lembrar de que momentos tristes virão. Por outro lado, se estou triste,**

devo pensar que vai passar. Precisamos treinar a mente para ganhar mais controle sobre como nos sentimos a fim de, então, termos mais controle sobre nossa vida.

Isso exige avaliar suas próprias experiências: as positivas, que geraram alegria, contentamento, euforia, felicidade etc.; e as negativas, que nos levaram a tristeza, raiva, angústia, ansiedade, desânimo, por aí vai. Nessa viagem, percebemos que todas foram transitórias e, além de não nos lembrarmos de muitas, perdemos detalhes das que nos lembramos. Falamos muito de nossas memórias, mas o fato é que o esquecimento é muito importante. Por isso, podemos evitar alimentar os estados negativos, desapegando deles e procurando não os reviver. Quando revivemos um momento, nós o solidificamos. Contudo podemos escolher o que guardar ou, até mesmo, modificar. Assim, podemos treinar a mente para fazer escolhas melhores. Pacientes diagnosticados com ansiedade ou depressão, por exemplo, precisam ser lembrados de que eles não são o transtorno. Sem ainda conhecer o funcionamento da mente, eu tinha consciência de que *estava* deprimida, mas não *era* deprimida. Saber disso sobre você ou outra pessoa pode ajudar a procurar o devido tratamento.

Nas últimas décadas, deixamos de estudar apenas as doenças e passamos a estudar também a própria saúde, o que inclui a felicidade, objeto de milhares de artigos científicos. Mas agora precisamos entender as abordagens sobre o assunto para que fique claro o que entendemos por felicidade. Farei um resumo, começando de fora para dentro.

Primeiro, reflita: o que nos faz felizes? É o mesmo para todo mundo? Não. As situações, os eventos e contextos variam muito de pessoa para pessoa, criando o que chamamos de subjetividade. Ainda que esses estímulos sejam extremamente variados, eles fazem a pessoa se sentir feliz. Essa é a primeira abordagem.

A segunda é olhar para o cérebro e tentar entender o que acontece quando nos sentimos felizes, independentemente do que nos faz felizes. Há uma similaridade na ativação cerebral, mas ela não é exatamente igual em todos. Em outras palavras, não existe uma impressão digital[3] para a felicidade – na verdade, para nenhum sentimento. Sem mencionar que há diferentes graus de felicidade. Assim, tanto os estímulos quanto a estimulação cerebral por trás da felicidade são subjetivos. Conclusão: as partes de dentro e de fora variam de pessoa a pessoa.

Mas ainda há algo em comum, correto? Uma ativação cerebral que seja indicativa de felicidade. Então vamos voltar para a primeira abordagem e analisar o que deixa a pessoa feliz? Logo verificamos que os relatos são muito distintos. Alguns se sentem felizes quando se juntam, outros quando se separam, e assim por diante.

Agora, retornamos para a segunda abordagem, a ativação indicativa de felicidade. Embora eu não consiga imaginar quem se sinta assim num aparelho de ressonância magnética, o que uns classificam como felicidade outros podem chamar de alegria, e alguns não considerar nem uma coisa nem outra.[4]

Assim vemos que o próprio significado da palavra felicidade é subjetivo, além de que pode se modificar ao longo da vida. E o significado da felicidade também muda através do tempo para uma dada cultura.[5] Na Antiguidade, incluindo culturas gregas e chinesas, a felicidade estava mais relacionada a sorte, fortuna ou destino.[6] Dessa forma, ela era considerada um bem frágil e raro. Hoje, a felicidade está muito mais relacionada ao interior do que ao exterior, ou seja, a um sentimento que pode mudar de significado e se transformar. O que me deixava muito triste no passado pode não importar no presente e, no futuro, pode até me deixar feliz.

Lembra que comentei dos contrastes? Por um lado, podemos avaliar esses contrastes e, inclusive, controlar o que sentimos. Por outro, uma vida isenta de contrastes não possui parâmetros e comparações. Quer dizer, se um termômetro não tivesse o nível mais quente e o mais frio, como você saberia o que é morno? Sem isso, não valorizaríamos o que temos.

Uma monja querida, Waho, com quem pratico o zazen quando posso, contou-me uma vez a história de Tarot, um peixinho que tinha uma vida muito confortável no fundo do oceano. Um belo dia, ele ouviu falar que existia um lugar com a água da vida e resolveu sair em busca dela. Em sua jornada, Tarot visitou regiões desconfortáveis, assustadoras e terríveis, o que o fez notar que a sua casa era, na verdade, a melhor de todas. O ápice foi quando, ao observar uma mata exuberante, ele ficou maravilhado com a vista, mas não conseguia respirar. Por sorte, uma onda o trouxe de volta para o mar, e ele se salvou! A cada parada, Tarot percebeu o quanto sua casa era confortável, segura e bonita. Foi aí que ele se deu conta de que já vivia na água da vida.[7]

A história nos mostra que, enquanto o peixinho não conheceu os extremos e experimentou o contraste, ele não foi capaz de entender quão boa a sua vida já era. Mas você pode perceber que a narrativa de Tarot também possui um aviso: às vezes, ficamos tão obcecados por buscar a felicidade que não percebemos que já temos uma vida feliz.

Os ingredientes de uma vida feliz

Se a vida feliz é o lugar do meio e se, ao mesmo tempo, ao correr atrás da felicidade posso acabar deixando-a escapar pelos meus dedos, o que posso fazer para ter uma vida feliz? É bem verdade que não é possível responder a essa pergunta por você. Cada um de nós tem um contexto, seus vieses e vivências próprios. E, o mais importante, no capítulo 1, eu já avisei que somos únicos e não sentimos o mesmo que os outros.

Mas, se você aprendeu alguma coisa neste livro, é que o cérebro é uma coisa impressionante – e, como espécie, nós temos algumas características em comum. É aqui que a ciência pode nos ajudar: a partir de pesquisas, é possível delimitar alguns ingredientes que podem contribuir para a saúde do seu corpo e do seu cérebro e, portanto, para a vivacidade da sua mente, além de, por consequência, ajudá-lo a controlar como se sente. Assim você será capaz de determinar a sua justa medida e, dessa maneira, colecionar os seus instantes felizes.

Gratidão

O que separa os seres humanos dos peixinhos é que podemos ler histórias, ver filmes, ouvir músicas; a arte pode ampliar o nosso repertório de histórias, nos levar a lugares distantes e até inóspitos, com pessoas completamente diferentes de nós, sem que saiamos de casa. Ao ter contato com outras narrativas, não precisamos experimentar temperaturas insuportáveis, relações abusivas ou violentas, verdadeiras tragédias para aprender a valorizar o que temos.

Particularmente, eu não gosto da palavra gratidão. Ela virou moda e é mais usada para cobrar os outros ou estimular um conformismo do que para nos instigar a sermos, de fato, gratos. Mas, como aqui estou escrevendo na capacidade de professora, preciso dizer que ela tem o seu valor,[8] contanto que, de fato, a gente sinta, e não só diga ao mundo (como vemos nas redes sociais).

A gratidão pode ser cultivada.[9] Ela é mais eficaz como sentimento do que como traço de personalidade.[10] Ou seja, você escolhe quando interpretar sua vida com gratidão. Gratidão não é um ato inconsciente, mas comparativo. É importante valorizar que você está melhor do que já esteve ou pode vir a estar, e não ficar sempre comparando o que tem com o que os outros parecem ter. **Cultivar a gratidão é desapegar da busca infindável por querer se ver numa situação diferente do que a do momento atual.**

Resiliência

Ainda assim, pode ser que, na sua avaliação, você não sinta gratidão. Na verdade, você pode decidir que precisa fazer mudanças para se sentir grato e, de fato, construir uma vida mais feliz. O que ocorre, quase sempre, é a impossibilidade dessa atitude num rompante – não é fácil mudar tudo de um dia para o outro. Em geral, isso exige colocar as mãos na massa e construir algo novo, como uma nova carreira, um novo emprego, uma nova casa, um novo relacionamento. E isso pode ser custoso. Ou, então, você está num período de sofrimento, em que a gratidão pode até servir para algumas coisas, mas não para todas.

Portanto, é importante ficar de olho no futuro e estar consciente de que tudo passa. E essa consciência tem nome: resiliência.[11] **Ser resiliente é passar por períodos difíceis conscientes de que não somos definidos por eles.** Como a pessoa resiliente vive o presente enquanto mira o futuro, ela terá uma memória encurtada da vivência difícil, como se tivesse sido mais rápida do que realmente foi. Precisamos viver a dor. Se não estamos mortos, sentir dor faz parte da vida.[12] Contudo, ao enfrentá-la sabendo que ela vai passar, é possível vencê-la e ser mais feliz.[13]

Trabalho

Como passamos grande parte da vida trabalhando, é importante sentir prazer no que fazemos. A vida fica mais leve quando trabalhamos com nossas aptidões. Mas raras são as pessoas que sabem, desde muito cedo, exatamente qual é o seu talento. Em geral, passamos muito tempo buscando descobri-lo, e essa jornada contribui para criarmos uma vida mais feliz. A resiliência é uma aliada nisso, pois não desistir da busca significa aprender a lidar com o sofrimento que vem com o trabalho de que não gostamos. Então vale lembrar que precisamos de coragem, precisamos enfrentar incertezas. E, se encontramos o que procurávamos, nos sentimos mais felizes.

E isso também é verdade para o prazer. O importante é se sentir bem com seu trabalho, mesmo que ele não seja perfeito ou ideal. **Sofremos menos quando trabalhamos com algo de que gostamos, ao ponto de o resultado ser próximo a trabalhar com nosso talento.**[14]

Responsabilidade

A vida feliz parte do aqui e agora e mira no futuro. Ser feliz é viver bem o presente, contando que não traga malefícios no futuro. Se só pensamos no que virá a acontecer, projetamos sempre a felicidade para amanhã. Se focamos só no presente, corremos o risco da imprudência e dificilmente seremos felizes num futuro próximo. E, se passamos a vida só analisando o passado, não vivemos o presente e não nos preparamos para o futuro. Portanto, **construir uma vida feliz exige responsabilidade. E, se ela é uma construção, somos responsáveis pelo nosso futuro.**

Nosso cérebro nos permite imaginar, ou seja, experimentar algo em nossa mente para decidir se queremos, de fato, viver isso ou não. Se nos deixarmos guiar pela prudência, somos capazes de fazer escolhas com mais chances de trazer felicidade. Do contrário, podemos trazer infelicidade para nós mesmos e os que nos cercam.[15] Por exemplo, se alguém se sente muito feliz com bens materiais e quer ganhar dinheiro custe o que custar, é bem provável que essa pessoa se torne avarenta ou corrupta. Da mesma maneira, se outra quer o reconhecimento acima de qualquer outra coisa do mundo, ela pode desprezar relacionamentos e passar por cima de colegas para conseguir o que quer.

Ser responsável significa também ser mais ético. Ao colaborar com o bem-estar das pessoas ao nosso redor, ajudamos a construir uma sociedade mais saudável. Fortalecemos nossos laços de afeto e de confiança, que vimos ser importantes para a nossa vida.

Alimentação

Para ser feliz, também é preciso cuidar do corpo. É por meio dele que você está no mundo – como vimos inúmeras vezes neste livro – e ele pode trazer benefícios para o presente e o futuro.

O ato de comer é uma ótima metáfora para a felicidade. Se você come algo muito gostoso, mas pouco saudável, todos os dias, será feliz hoje, porém terá problemas de saúde no futuro.[16] De igual maneira, se você come de maneira saudável, mas pouco prazerosa, com sorte será feliz no futuro. Mas quem quer viver assim? Ninguém![17]

O ideal é comer de maneira saborosa e saudável. O balanço entre os dois é muito importante – e subjetivo. Cada pessoa tem um gosto particular e necessidades estabelecidas pela sua saúde. O importante é investir na reeducação alimentar para que você seja capaz de nutrir o corpo e o cérebro. E aqui entra também o que bebemos, pois a ciência adverte: álcool causa câncer.[18]

Perceba que reeducação alimentar não é sinônimo de dieta. Dietas restritivas causam sofrimento e possuem eficácia extremamente limitada. Apenas

1% das pessoas que fazem dieta conserva o novo peso. Em outras palavras, uma a cada cem terá sucesso em longo prazo.[19]

Sabe qual é o problema? A maneira como o cérebro funciona. Se você já fez dieta, vai entender direitinho o que vou explicar. Toda vez que você começa uma dieta, o cérebro não vai achar que você quer emagrecer, mas que está passando fome. Por isso, ele vai entrar em estado de emergência, buscando meios para você não perder peso, encontrando formas de não resistir às tentações ou, então, fazendo o corpo gastar menos calorias. Se perder peso rápido demais, o cérebro não vai esquecer o peso anterior e não vai sossegar até você voltar para ele.

Por isso, a construção de uma vida feliz passa por cuidar da sua saúde.[20] **Comer bem é cuidar do corpo e, obviamente, do cérebro também.** Se tiver dificuldades, problemas de saúde, vontade de emagrecer, transtornos alimentares ou só quiser alcançar o bem-estar, procure profissionais licenciados que valorizam a ciência para ajudar você. O corpo e o cérebro agradecem, sua mente também.

Sono

O corpo que come é também o que dorme. Se dormirmos mal, aumentamos a chance de ter problemas de saúde. Se tivermos boas noites de sono, aumentamos a chance de nos sentirmos melhor. Logo, nossa saúde também melhorará. Por consequência, poderemos fazer melhores escolhas, o que é fundamental para uma vida mais feliz. **O sono é muito importante para funcionarmos bem.**[21]

Isso inclui conseguir sonhar? Sabemos pouco sobre os sonhos e mais sobre o sono, mas podemos arriscar a dizer sim. Os sonhos parecem funcionar como simuladores do futuro. Pense nos pilotos aéreos em treinamento: os simuladores os colocam em diferentes situações e, dessa forma, eles se preparam para lidar com perigos. Ao que tudo indica, essa é uma das melhores hipóteses por trás da existência do sonho.[22] Mas, diferentemente dos pilotos em treinamento, quase não nos lembramos do que sonhamos. O aprendizado fica praticamente todo no inconsciente. Então, sem saber, nossas posturas e escolhas são influenciadas pelo que acontece enquanto dormimos.

Além disso, o sono cumpre outras funções, como solidificar o aprendizado na memória,[23] facilitar a criatividade,[24] fortalecer o sistema imunológico[25] e nos recuperar de períodos estressantes.[26] A quantidade de sono de que você precisa é subjetiva também. Você precisa encontrar o ideal para você.

Sabemos que um terço dos norte-americanos não dormem o suficiente, ou seja, dormem pouco.[27] No Brasil, costuma-se defender oito horas por noite, o que, de fato, representa a média necessária,[28] mas isso pode ser subjetivo. De todo modo, o importante é que você durma o necessário para acordar descansado e preparado para mais um dia.

Exercício

Nosso corpo também precisa se exercitar. Nossos ancestrais se movimentavam muito e, portanto, a evolução fez que fosse importante para nossa saúde nos movimentarmos. E continua sendo verdade. **Quando fazemos exercício físico de alta intensidade, produzimos endorfina, serotonina e outras substâncias que proporcionam bem-estar.** Alimentamos o cérebro e nos sentimos melhores. Fazer alguns minutos de exercício é melhor que nada e já faz diferença. E, se você tiver companhia, fica melhor ainda.

Fazer exercício afasta a ansiedade e a depressão, além de reduzir os sintomas para aqueles com diagnóstico desses distúrbios.[29] Fazer exercício desde criança é uma prática associada a melhor performance nos estudos.[30] Isso significa que quanto mais exercício, melhor? Talvez o segredo seja descobrir a sua medida.[31] Para começar, qualquer coisa é melhor que nada. E, quando nos exercitamos, somos também mais criativos.[32]

Mover o corpo também ajuda a dormir melhor.[33] A musculação melhora a qualidade de vida, e principalmente para quem tem dores nas costas.[34] Ela também é subjetiva, e uns precisam de mais que outros,[35] mas faz bem para todo mundo! Aqueles que têm cães não têm desculpa para não caminhar – e isso ajuda no bem-estar.[36] Por fim, atividade física nos ajuda a viver mais e melhor.[37]

Atenção

Os três pilares para um corpo saudável são: alimento, sono e exercício. Lembre-se de que o corpo dorme, come e se movimenta. Ao fazer isso, alimenta o cérebro e, portanto, a mente passa a estar em melhores condições para focar no presente. Para muitos, contudo, é preciso treinar para ficar mais atento.

Está na moda falar em meditação, mas poucos sabem que existem muitas formas de desenvolver a atenção. Atenção é uma das questões mais difíceis para nossa sociedade, em que não se alimenta bem, não se dorme bem e se movimenta pouco. Não adianta meditar se não cuidar da alimentação, do sono e do exercício. É comum organizações oferecerem meditação, mas perpetuarem um ambiente pouco saudável no geral.

Garantidos os três pilares fundamentais, meditar pode ajudar no foco. Pode melhorar a consciência e desenvolver a atenção, porque meditar é um exercício de presença a partir da observação da respiração e de pensamentos que invadem a mente, sem necessariamente esvaziá-la.

Há diferentes tipos de meditação. Cada pessoa pode encontrar a sua atividade meditativa, e há quem esteja bem sem meditar. Isso porque, na realidade, várias atividades podem ser meditativas. Fazer pão e costurar podem ser práticas meditativas, assim como surfar, nadar ou correr, a depender da pessoa. Se você fica mais presente e se concentra, com a mente focada e atenta, está meditando. Rezar o terço modifica os batimentos cardíacos como uma meditação com mantra.[38] Depende de quem e como a pratica.

Vale dizer que as formas de meditação clássicas – as que envolvem sentar-se em quietude – podem não ser benéficas para todas as pessoas. Se você é uma delas, respire aliviado. Não há nada de errado nisso. Evidências apontam para um efeito positivo para a maioria, mas há quem não se sinta bem, tenha piora no sono, aumento da ansiedade e até mesmo ataques de pânico, ocorrência mais comum em quem decide meditar mais do que realmente consegue.[39]

De todo modo, **a atenção é necessária para tudo o que fazemos, desde o café da manhã até uma troca de mensagens pelo celular**. Para ficar mais atento, vale a regra "menos é mais". Se você se concentrar em suas tarefas, pode se conectar com o que está fazendo e ser mais produtivo. Evite dividir a atenção e perceba os pequenos prazeres que ela traz. A atenção nos ajuda a valorizar o que temos, caminhando junto com a gratidão em direção a uma vida mais feliz.[40]

Experiências

Ter mais coisas não é sinônimo de ter mais vida. E o mercado incorporou esse conhecimento científico. Já reparou que, hoje, não se vendem mais coisas, e sim experiências? As propagandas são desenhadas para nos fazer acreditar que, se comprarmos determinados itens, seremos mais felizes. Acontece que **felicidade por consumo se dissipa mais rápido do que uma tarde prazerosa**.[41]

Contudo, cultivar experiências é sinônimo de comprar menos, e não mais. Você pode argumentar: "Claudia, mas eu posso comprar várias viagens.

Neste caso, experimentar não é diferente de comprar!". É verdade que viagens podem ser fantásticas e nos trazer muita alegria. Mas quem viaja exageradamente a trabalho sabe que nem sempre é o caso. Ou seja, a viagem deixa de ser uma vivência e equivale a consumir – ou seja, qualidade é mais importante do que quantidade.

De todo modo, **experiências positivas aumentam as chances de ser feliz.** Tente sorrir mais, especialmente quando não se sente bem; isso pode ajudar a enganar o cérebro e fazer você se sentir melhor.[42] Momentos com a natureza proporcionam bem-estar.[43] O mesmo vale para ouvir músicas que nos remetem a momentos felizes.[44] Para isso, teremos que exercer a atenção e estar presentes – mais uma vez, para a felicidade, menos é mais.

Companhia

Como somos sociais, **as companhias são primordiais para uma vida mais feliz.**[45] Inclusive, a solidão é um dos fatores que contribuem para a redução da expectativa de vida.

Note que aqui não estamos falando de estar rodeado de gente, mas de se sentir em boa companhia. Se for para investir em pessoas ruins, que fazem mal, de fato é melhor ficar só. O ditado deveria ser assim: "Antes só do que mal acompanhado, mas antes bem acompanhado do que só". Porém como diferenciar uma coisa da outra?

Antes de qualquer coisa, é preciso praticar a solitude. Veja que solidão e solitude não são a mesma coisa. Na solidão, estamos sozinhos. Na solitude, somos boas companhias para nós mesmos. Se eu sei o que me faz bem, saberei procurar isso em outras pessoas.

Mude o seu mundo

Esses ingredientes nos ajudam a ter uma vida mais feliz. Não são regras, porque só você pode decidir o que entende por "felicidade". São pistas que proporcionam um contexto que estimula o bem-estar. E você já aprendeu quão importante é o contexto.

Felicidade e vida feliz são conceitos que muitas vezes se confundem, noutras não. Sem dúvida, ambas estão sendo muito estudadas, e não só do ponto de vista individual, mas também dos países. Há coeficientes criados para tentar medir a "felicidade" de países e, assim, poder compará-los. O Brasil não está no topo, lamento informar, mas está longe dos mais infelizes.

Essas avaliações são importantes porque nós sempre nos comparamos e não gostamos de nos sentir menores ou piores do que outros em nada que importa. Mas isso também nos convida a tentar entender o que, de fato, importa para nós. Por exemplo, os países nórdicos possuem índices de "felicidade" maiores do que países africanos. Você pode pensar: *Bom, é porque eles são mais ricos!* Sabemos que o dinheiro é importante para garantir melhores condições de vida, mas arrisco dizer que não é isso.[46]

Então o que é realmente essencial? Quando eu disse, uns parágrafos atrás, que menos é mais, não quis dizer que a vida simples é cheia de faltas, e sim que é *suficiente*. Vamos voltar para a questão da felicidade nos países. Um fator crucial para a vida humana é a comparação. Se a desigualdade[47] for enorme, ao me comparar com alguém que possui mais que eu, com certeza sentirei a insatisfação da desvantagem e da injustiça. Já percebeu que, com frequência, mudanças sociais são estimuladas por pessoas em situação desvantajosa numa comunidade? É claro que podemos nos sensibilizar com o sofrimento alheio, mas, quando o *status quo* nos beneficia mais do que prejudica, dificilmente lutamos por transformações. Ou, se o fazemos, é só até um certo ponto.

Fazer parte de uma sociedade com bem-estar social influencia a percepção de uma vida feliz. A redução de desigualdades proporciona uma comparação social mais saudável. Muitos países extremamente desiguais e com regimes que violam direitos humanos estão entre os menos felizes do mundo,[48] além de apresentarem altos índices de suicídio.[49] Por isso, para construir uma vida mais feliz não basta só se concentrar no bem-estar individual, é preciso pensar também no coletivo.[50] **Uma sociedade mais saudável possui indivíduos mais saudáveis.**

A felicidade pode ser só uma corridinha, com um prazer fugaz. Já a vida feliz é repleta de diferentes momentos, alguns prazerosos, outros difíceis ou dolorosos; é como uma música cheia de diferentes arranjos e notas, mas que ainda assim é harmoniosa.

Isso significa dizer que a vida também é complexa, e essa complexidade pede mais conhecimento de quem somos, o que inclui entender como a mente funciona. Ao fazer isso, temos mais ferramentas para construir uma vida melhor. Só ao ler este livro, você já aprendeu, ou relembrou:

1. a ter mais controle de como se sente;
2. a entender como chegamos até aqui e como se relacionar melhor com o mundo;

3. como o olhar influencia essa relação;
4. como tomar decisões melhores;
5. a se questionar e se abrir às incertezas;
6. como se aproximar dos outros;
7. a importância da moralidade;
8. a ser líder da própria vida.

A sua jornada não começou com esta leitura e certamente não acabará com ela. Espero ter contribuído para que você seja capaz de alcançar uma vida mais equilibrada e, portanto, mais feliz.

Para poder mudar *o* mundo, comece mudando o *seu* mundo.

Novo dicionário de sentimentos*

Að nenna. Islandês / v. / Capacidade ou estado de se incomodar em fazer algo; capacidade ou vontade de perseverar nas tarefas (especialmente as que são difíceis ou enfadonhas).

Aegyo. Coreano / s. / Uma demonstração delicada de afeto, geralmente representada por meio de vozes, expressões e gestos infantis.

Agápē. Grego / s. / Amor altruísta, incondicional e devocional.

Aidos. Grego / s. / Sentimento de vergonha que impede as pessoas de cometerem erros; senso de humildade que equilibra o autoengrandecimento.

Amour de soi. Francês / s. / Lit. "amor de si mesmo"; autoestima que não depende do julgamento dos outros.

Asabiyyah. Árabe / s. / Solidariedade; sentimento de grupo; consciência de grupo.

Bazodee. Crioulo (Trinidad e Tobago) / s. / Confusão eufórica; felicidade boba, atordoada.

Beau geste. Francês / s. / Um gesto elegante, nobre ou bonito (especialmente se for fútil ou sem sentido).

Bēi xǐ jiāo jí. Chinês / s. / Sentimentos que misturam tristeza e alegria.

Besa. Albanês / s. / Uma promessa inquebrável; palavra de honra; manter um juramento.

Beschaulich. Alemão / adj., adv. / Calmo, pensativo; viver uma vida simples; agradavelmente contemplativo, sem pressa, inspirando bem-estar mental.

Blüttle. Alemão (Suíço) / v. / Andar nu; gostar de estar nu.

---

* Este novo dicionário foi composto a partir de verbetes escolhidos do projeto The Positive Lexicography [O lexográfico positivo], de Tim Lomas, os quais foram traduzidos para o português por Daniela Rigon. Cf. Lomas, T. (n.d.). *The positive lexicography.* Tim Lomas, PhD. Recuperado em 20 de julho 2021 de https://www.drtimlomas.com/lexicography/cm4mi.

Boghz. Persa / s. / Nó na garganta; sensação física e crescente de angústia na garganta ou no peito antes de chorar ou liberar emoções negativas.

Capoter. Francês (Quebec) / v. / Lit. virar ou descarrilhar; pode ser usado de maneira positiva para expressar prazer ou êxtase; também pode ser usado em contextos negativos para indicar opressão e confusão.

Chipe. Espanhol (Guatemala) / s. / Ciúme ou rivalidade, geralmente relacionado ao sentimento de que a atenção de um ente querido está sendo dedicada a outra pessoa (outro membro da família, por exemplo).

Cwtch. Galês / v., s. / Como verbo: abraçar, acariciar (transitivo); ficar confortável (intransitivo). Como substantivo: abraço, carinho; um santuário; um lugar seguro e acolhedor.

Dadirri. Ngangiwumirr / s. / Um ato espiritual e profundo de escuta reflexiva e respeitosa.

Différance. Francês / s. / Diferença e diferimento do significado; determinado por Derrida* em relação à sua filosofia de desconstruções.

Dreich. Escocês / adj. / Clima úmido, sombrio e miserável; tedioso, cansativo.

Elvágyódás. Húngaro / s. / Desejo ou necessidade de escapar ou fugir de onde você está.

Feierabend. Alemão / s. / Lit. "celebração noturna"; clima festivo que chega ao fim de uma jornada de trabalho; também pode significar o fim do dia de trabalho (sem nenhuma conotação festiva específica).

Fiero. Italiano / s. / Orgulho, satisfação por realizações pessoais (geralmente implica que esse sentimento é merecido/garantido).

Flygskam. Sueco / s. / "Vergonha ao voar"; sentir constrangimento ou vergonha de voar por causa do impacto negativo no meio ambiente.

Freizeitstress. Alemão / s. / Estresse no tempo livre; estresse relacionado ao seu tempo de lazer.

Frisson. Francês / s. / Uma sensação repentina de emoção, que combina medo e excitação.

Geborgenheit. Alemão / s. / Sentindo-se protegido e seguro do perigo.

Gelijkhebberig. Holandês / s. / Determinado a estar certo; precoce.

Gemas. Indonésio / s. / Sentimento de amor ou carinho; a vontade de apertar alguém por considerar esse alguém adorável.

Gestalt. Alemão / s. / Um padrão, uma configuração geral; a noção de que o todo é maior do que a soma de suas partes.

---

* Jacques Derrida (1930-2004) foi um filósofo franco-magrebino e uma das figuras mais influentes do século XX. Tornou-se especialmente conhecido por uma crítica de conceitos filosóficos que chamou de Desconstrução. Durante a vida, trabalhou como professor convidado de algumas das maiores instituições do mundo – como a Universidade Yale, Johns Hopkins, Universidade de Coimbra, entre outras. (N.E.)

Gunnes. Holandês / v. / Pensar que alguém merece algo (bom); sentir-se feliz pelas conquistas dos outros.

Guò yǐn. Chinês / s. / Satisfazer um desejo; uma experiência extremamente prazerosa e agradável.

Hiraeth. Galês / s. / Sentir saudades de sua terra natal; nostalgia; melancolia.

Hubris. Grego / s. / Orgulho extremo, arrogância ou excesso de confiança; especialmente associado a comportamentos que desafiam os deuses.

Hwyl. Galês / s. / Uma sensação estimulante de motivação emocional e energia; um fervor melódico; inspiração extática; um estilo de pregação cantado; humor.

Hyppytyynytyydytys. Finlandês / s. / Satisfação ao sentar-se em uma almofada confortável; sentir-se relaxado ao sentar-se em uma poltrona que abraça.

Ikigai. Japonês / s. / Lit. iki (vida) gai (resultado, valor, uso, benefício); significa uma "razão de ser"; propósito na vida.

Iktsuarpok. Inuktitut / s. / Ansiedade sentida ao esperar por alguém; verificar constantemente se a pessoa está próxima.

Ilunga. Tshiluba / s. / A capacidade de estar pronto para perdoar uma primeira vez, tolerar uma segunda vez, mas não uma terceira vez.

Kapsoura. Grego / s. / Paixão, arrebatamento; paixão intensa; os sentimentos românticos inebriantes no início de um relacionamento.

Kenopsia. Inglês (novo) / s. / Das raízes do grego *kenosis* (vazio) e *opsia* (ver); avaliar a falta ou ausência de algo (principalmente de pessoas); a estranheza de lugares vazios ou abandonados; termo cunhado por John Koenig.*

Koev halev. Hebrew / v. / Lit. o coração dói; empatia, compaixão, identificação com o sofrimento do outro.

Koi no yokan. Japonês / s. / Premonição ou pressentimento do amor; a sensação ao conhecer alguém de que se apaixonar será inevitável.

Kopfkino. Alemão / s. / Lit. "cinema interior"; a visão dos "olhos da imaginação"; imagens ou cenas internas subjetivas.

Krasosmutnění. Tcheco / s. / Tristeza bela; melancolia alegre.

Kreng-jai. Tailandês / s. / Coração respeitoso; respeito e consideração pelos sentimentos dos outros (antes dos próprios); o desejo de não incomodar o outro, de não o sobrecarregar.

Labůžo. Tcheco / s. / Satisfação; uma situação favorável; desfrutar ou saborear algo; de labužník ("gourmet").

Lotność umysłu. Polonês / s. / Lit. mente (umysłu) alegre ou vivaz (lotność); um estado de espírito que é simultaneamente perspicaz, vivaz, leve e aguçado.

---

* John Koenig (? - presente) é um videomaker freelancer, dublador, designer gráfico, ilustrador, fotógrafo, diretor e escritor. É conhecido por ser criador do site *The Dicionary of Obscure Sorrows*, um dicionário de palavras inventadas. Cf. Koenig, J. (n.d.). *The Dictionary of Obscure Sorrows*. Tumblr. Recuperado em 20 de julho de 2021 de https://www.dictionaryofobscuresorrows.com/.

Mono no aware. Japonês / s. / Capacidade de compreender a transitoriedade do mundo e sua beleza.

Morgenfrisk. Dinamarquês / adj. / Lit. "frescura matinal"; sentir-se descansado após uma boa noite de sono.

Morkkis. Finlandês / s. / Uma ressaca moral ou psicológica; constrangimento *post-hoc* ou vergonha por causa do comportamento bêbado (e pavor ou confusão sobre o que *pode* ter acontecido).

Motirõ. Família Tupi-Guarani / s. / Trabalho comunitário; fazer ou construir algo bom juntos; uma reunião produtiva de pessoas.

Nadryv. Russo / s. / Lit. rachar, despedaçar, quebrar; uma explosão de emoção ou paixão, muitas vezes incontrolável e possivelmente também irracional, quando sentimentos muito bem escondidos são liberados.

Naz. Urdu / s. / Segurança, orgulho, confiança (decorrente de se sentir amado incondicionalmente).

Nepantla. Náuatle / s. / "Estar no meio"; trilhar habilmente uma linha entre duas coisas; estar entre forças opostas; estar em um espaço liminar; estar em uma encruzilhada; viver em equilíbrio e harmonia.

Nodus Tollens. Inglês (novo) / s. / Das raízes latinas nodus (nó) e tollens (remover ou levantar); a sensação de que sua vida não tem sentido narrativo ou não se encaixa em uma história ordenada; cunhado por John Koenig.

Novaturient. Inglês (novo) / adj. / Alatinado, que significa o desejo ou a busca de fortes mudanças no comportamento ou em situações.

Nunchi. Coreano / s. / Lit. "medida do olho"; a habilidade de "ler" emoções e situações e responder habilmente.

Oikeiôsis. Grego / s. / A percepção de algo como sendo próprio, como pertencendo a si mesmo; apropriação, familiarização, afinidade, afiliação, carinho.

Omoiyari. Japonês / s. / Sensibilidade altruística; uma compreensão intuitiva dos desejos, sentimentos e pensamentos dos outros e a ação consequente com base nessa compreensão.

On. Japonês / s. / Sentimento de dívida moral, relacionado a um favor ou bênção de outrem.

Onsra. Bodo / v. / Amar pela última vez; a sensação de que o amor não vai durar.

Pihentagyú. Húngaro / adj. / Estar com o cérebro relaxado; ser perspicaz e sagaz; às vezes, pode ser usado de maneira pejorativa (implicando o uso insuficiente de recursos mentais/atenção); também pode denotar mais positivamente alguém que conecta ideias de maneiras incomuns ou criativas.

Qarrtsiluni. Inuktitut / v. / Sentar-se juntos na escuridão, talvez na expectativa de algo (por exemplo, esperando que algo aconteça ou "estoure"); o estranho silêncio antes de um acontecimento importante.

Qualunquismo. Italiano / s. / Atitude de apatia, indiferença ou repulsa à política.

Rasa. Sânscrito / s. / Lit. "suco" ou "essência"; o tema emocional de uma obra de arte e/ou o sentimento que evoca no público.

Rè ài. Chinês / v. / Amar ardente e apaixonadamente, em geral de uma forma não romântica (por exemplo, ser apaixonado pelo próprio trabalho); adorar.

Rén. Chinês / s. / Humanidade, benevolência; o sentimento positivo que uma pessoa virtuosa desfruta por meio de um comportamento altruísta.

Resfeber. Sueco / s. / Vontade, ansiedade de viagem; a sensação de excitação e nervosismo que um viajante sente antes de começar uma viagem.

Sabsung. Tailandês / s. / Sensação de revitalização por meio de algo que anima ou dá sentido à vida; algo que ilumina o dia.

Salado. Espanhol / adj. / Lit. "salgado"; uma pessoa simpática que é uma boa companhia; alguém que consegue encontrar o humor da vida de maneira perspicaz, que faz as pessoas rirem.

Sati/smṛti. Páli/Sânscrito / s. / Lit. "lembrança" ou "recordação"; atenção/consciência do momento presente.

Schulbildend. Alemão / adj. / Inspirar ou conduzir à criação de escolas de pensamento.

Schwellenangst. Alemão / s. / Medo, ansiedade relacionada a cruzar um limiar (literal ou metaforicamente).

Sébomai. Grego / v. / Reverenciar, honrar, ficar maravilhado com algo.

Sehnsucht. Alemão / s. / Anseios da vida, desejo intenso por caminhos e estados alternativos; lit. um "vício" (Sucht) por sentir saudade/anseio (Sehn).

Shê dé. Chinês / frase / Ter vontade e/ou capacidade de se separar de algo ou deixá-lo ir.

Shěnměi píláo. Chinês / s. / Esteticamente fatigado; exposição a tanta beleza que se deixa de apreciá-la.

Shuâng. Chinês / adj. / Sentir-se bem; radiante; agradável; fresco; franco; revigorado; direto.

Solastalgia. Inglês (novo) / s. / Sofrimento mental e existencial causado pela mudança ambiental; cunhado por Glenn Albrecht.*

Storgē. Grego / s. / Amor filial; cuidado e afeto (por exemplo, entre membros da família).

Stushevatsya. Russo / v. / Sair em silêncio; sumir suavemente de vista ou da vida; desaparecer no plano de fundo; tornar-se menos importante; cunhado por Fiódor Dostoiévski.**

Tarab. Árabe / s. / Êxtase ou encantamento induzido pela música.

---

* Gleen Albrech (1953-presente) é professor aposentado de Sustentabilidade da Universidade Murdoch na Austrália. (N.E.)

** Fiódor Dostoiévski (1821-1881) foi um escritor, filósofo e jornalista russo. É considerado um dos maiores romancistas de todos os tempos, mais conhecido como autor da obra *Crime e castigo*. (N.E.)

Téng. Chinês / s. / Amar terna e intensamente; amor misturado com preocupação e mágoa; refere-se com frequência aos laços entre pais e filhos.

Ubuntu. Zulu (e Xhosa) / s. / Ser gentil com os outros por causa de nossa humanidade comum.

Umami. Japonês / s. / Um sabor rico e agradável ao paladar.

Vemod. Sueco / s. / Tristeza terna e melancólica; melancolia pensativa; o sentimento resignado e nostálgico que se tem em relação a algo positivo ou significativo que se perdeu ou acabou (por exemplo, a infância).

Verschlimmbessers. Alemão / v. / Uma combinação dos verbos "piorar" e "melhorar"; piorar algo na tentativa de melhorá-lo.

Vidunder. Sueco / s. / Milagre; prodígio; monstro; uma entidade impressionante ou ameaçadora que inspira admiração.

Vorfreude. Alemão / s. / *ou* voorpret (Holandês). Antecipação intensa e alegre derivada da imaginação de prazeres futuros.

Weemoed. Holandês / s. / Lit. tristeza, aflição (wee) coragem, ousadia, humor (moed); humor suave; melancolia leve; ter força para superar um sentimento de tristeza (por exemplo, que surge em relação à nostalgia).

Woke. Inglês (novo) / s., adj. / Consciência social e política; ativamente consciente do preconceito e da injustiça sistemáticos; proeminência atribuída a Erykah Badu.*

Wú xin. Chinês / s. / "Sem coração-mente";** uma mente não apegada a estímulos, nem fixada em ou ocupada por pensamentos ou emoções.

Yilugnta. Amárico / s. / Um sentimento de obrigação de considerar a opinião dos outros e submeter-se a ela (de maneira positiva).

Yindyamarra. Wiradjuri / v. / Mostrar respeito; ir devagar; cuidar; pensar antes de agir.

Yuán bèi. Chinês / s. / Preparação concluída; estar reunido; recuperação total, principalmente do corpo físico; uma sensação de realização completa.

Zanshin. Japonês / s. / Lit. "coração-mente remanescente/duradouro"; um estado de alerta mental relaxado (especialmente diante do perigo ou estresse).

---

* Erykah Badu (1971-presente) é uma cantora, compositora, DJ, produtora e atriz americana, sendo reconhecida como um dos maiores nomes do neosoul e hip-hop. (N.E.)

** Coração-mente é um conceito antigo de filosofias e religiões orientais, como o budismo e o taoísmo, e, portanto, presente no vocabulário de algumas línguas. Na China Antiga, acreditava-se que o coração era o centro da cognição humana, daí a tendência de chamá-lo de coração-mente. Cf. Xin (philosophy). (n.d.). In *Wikipedia*. Recuperado em 8 de agosto de 2021, de https://en.wikipedia.org/wiki/Xin_(philosophy).

Notas bibliográficas

1. Tu és eternamente responsável por aquilo que sentes

[1] Poetry Foundation. (n.d.). *Eloisa to Abelard by Alexander Pope.* Recuperado em 31 de agosto de 2023, de https://www.poetryfoundation.org/poems/44892/eloisa-to-abelard

[2] Mayer, J. D., Roberts, R. D., & Barsade, S. G. (2008). Human abilities: emotional intelligence. *Annual Review of Psychology*, 59, 507-536. https://doi.org/10.1146/annurev.psych.59.103006.093646

[3] Barrett, L. F. (2017). The theory of constructed emotion: an active inference account of interoception and categorization. *Social Cognitive and Affective Neuroscience, 12*(1), 1-23. https://doi.org/10.1093/scan/nsw154

[4] James, W. (1994). The physical basis of emotion. *Psychological Review, 101*(2), 205-210. https://doi.org/10.1037/0033-295X.101.2.205

[5] Sauter, D. A., Eisner, F., Ekman, P., & Scott, S. K. (2010). Cross-cultural recognition of basic emotions through nonverbal emotional vocalizations. *Proceedings of the National Academy of Sciences of the United States of America, 107*(6), 2408-2412. https://doi.org/10.1073/pnas.0908239106

Jack, R. E., Garrod, O. G., Yu, H., Caldara, R., & Schyns, P. G. (2012). Facial expressions of emotion are not culturally universal. *Proceedings of the National Academy of Sciences of the United States of America, 109*(19), 7241-7244. https://doi.org/10.1073/pnas.1200155109

[6] Inspirada na analogia do cookie, apresentada na seguinte obra: Barrett, L. F. (2017, p. 35). *How Emotions Are Made: The Secret Life of the Brain.* Houghton Mifflin Harcourt.

[7] Gendron, M., Crivelli, C., & Barrett, L. F. (2018). Universality reconsidered: diversity in making meaning of facial expressions. *Current Directions in Psychological Science, 27*(4), 211-219. https://doi.org/10.1177/0963721417746794

Nummenmaa, L., Glerean, E., Hari, R., & Hietanen, J. K. (2014). Bodily maps of emotions. *Proceedings of the National Academy of Sciences of the United States of America, 111*(2), 646-651. https://doi.org/10.1073/pnas.1321664111

Mobbs, D., Adolphs, R., Fanselow, M. S., Feldman Barrett, L., LeDoux, J. E., Ressler, K., Tye, K. M., & Nature Neuroscience. (10 de outubro de 2019). On the nature of fear. *Scientific American*. Recuperado em 31 de agosto de 2023, de https://www.scientificamerican.com/article/on-the-nature-of-fear/

[8] Sobre a impressão digital e a citação de Heráclito, respectivamente: Barrett, L. F. (2017, p. 1-24, p. 32). *How Emotions Are Made: The Secret Life of the Brain*. Houghton Mifflin Harcourt.

[9] Lenzen, M. (1 de abril de 2005). Feeling our emotions. *Scientific American*. Recuperado em 8 de agosto de 2023, de https://www.scientificamerican.com/article/feeling-our-emotions/

[10] Chen, A. (10 de abril de 2017). Neuroscientist Lisa Feldman Barrett explains how emotions are made. *The Verge*. Recuperado em 31 de agosto de 2023, de https://www.theverge.com/2017/4/10/15245690/how-emotions-are-made-neuroscience-lisa-feldman-barrett

[11] Damasio, A., & Carvalho, G. B. (2013). The nature of feelings: evolutionary and neurobiological origins. *Nature Reviews. Neuroscience, 14*(2), 143–152. https://doi.org/10.1038/nrn3403

[12] Descartes, R. (2017). *Meditações Metafísicas* (4. ed.). Editora WMF Martins Fontes.

[13] Rosemberg, M. (2010). *Comunicação Não-Violenta: Técnicas Para Aprimorar Relacionamentos Pessoais e Profissionais* (1. ed.). Editora Ágora.

[14] Posner, J., Russell, J. A., & Peterson, B. S. (2005). The circumplex model of affect: an integrative approach to affective neuroscience, cognitive development, and psychopathology. *Development and Psychopathology, 17*(3), 715-734. https://doi.org/10.1017/S0954579405050340

Lim N. (2016). Cultural differences in emotion: differences in emotional arousal level between the East and the West. *Integrative Medicine Research, 5*(2), 105-109. https://doi.org/10.1016/j.imr.2016.03.004

[15] Feitosa-Santana, C. & Feitosa, F. (22 de novembro de 2016). *Neurociência e Comunicação Não-Violenta | Diálogo com Flavia Feitosa e Claudia Feitosa-Santana*. [Vídeo]. YouTube. Recuperado em 8 de agosto de 2023, de https://www.youtube.com/watch?v=jr8aVqQ4aTY

[16] Schadenfreude. (n.d.). In *Cambridge Dictionary*. Cambridge University Press. Recuperado em 19 de julho de 2023, de https://dictionary.cambridge.org/pt/dicionario/ingles/schadenfreude

[17] Critchley, H. D., & Garfinkel, S. N. (2017). Interoception and emotion. *Current Opinion in Psychology, 17*, 7-14. https://doi.org/10.1016/j.copsyc.2017.04.020

Seth, A. K., & Friston, K. J. (2016). Active interoceptive inference and the emotional brain. *Philosophical Transactions of the Royal Society of London. Series B, Biological Sciences, 371*(1708), 20160007. https://doi.org/10.1098/rstb.2016.0007

Armstrong, K. (25 de setembro de 2019). Interoception: how we understand our body's inner sensations. *Association for Psychological Science - APS*. Recuperado em 8 de agosto de 2023, de https://www.psychologicalscience.org/observer/interoception-how-we-understand-our-bodys-inner-sensations

[18] Smith, T. W. (2016). *The Book of Human Emotions: From Ambiguphobia to Umpty: 154 Words from Around the World for How We Feel* (1. ed.). Little, Brown Spark.

[19] Assim como aumentar o vocabulário foi importante para a ciência. Cf. Stefaner, M., Deston, L., & Christiansen, J. (1 de setembro de 2020). The language of science. *Scientific American*. Recuperado em 31 de agosto de 2023, de https://www.scientificamerican.com/article/the-language-of-science/

[20] Banzo. In *Wikipédia*. Recuperado em 31 de agosto de 2023, de https://pt.wikipedia.org/wiki/Banzo

Smith, T. W. (18 de dezembro de 2017). *The history of human emotions* [Vídeo]. TED Talks. Recuperado em 31 de agosto de 2023, de https://www.ted.com/talks/tiffany_watt_smith_the_history_of_human_emotions?language=en

[21] Ritchie, H. (15 de junho de 2025). *Suicide.* Our World in Data. Recuperado em 31 de agosto de 2023, de https://ourworldindata.org/suicide

[22] Ipser, J. C., Stein, D. J., Hawkridge, S., & Hoppe, L. (2009). Pharmacotherapy for anxiety disorders in children and adolescents. *The Cochrane Database of Systematic Reviews, 3*, CD005170. https://doi.org/10.1002/14651858.CD005170.pub2

Gava, I., Barbui, C., Aguglia, E., Carlino, D., Churchill, R., De Vanna, M., & McGuire, H. F. (2007). Psychological treatments versus treatment as usual for obsessive compulsive disorder (OCD). *The Cochrane Database of Systematic Reviews, 2*, CD005333. https://doi.org/10.1002/14651858.CD005333.pub2

[23] *About Cochrane Reviews | Cochrane Library.* (n.d.). Cochrane Library. Recuperado de 31 de agosto de 2023, de https://www.cochranelibrary.com/about/about-cochrane-reviews

[24] Archer, J., Bower, P., Gilbody, S., Lovell, K., Richards, D., Gask, L., Dickens, C., & Coventry, P. (2012). Collaborative care for depression and anxiety problems. *The Cochrane Database of Systematic Reviews, 10*, CD006525. https://doi.org/10.1002/14651858.CD006525.pub2

Sobre o cuidado colaborativo: Sterns, T. A., Fricchione, G. L., Cassem, N. H., Jellinek, M. S., & Rosenbaum, J. F. (2010). *Massachusetts General Hospital Handbook of General Hospital Psychiatry: Expert Consult - Online and Print* (6. ed.). Saunders. https://doi.org/10.1016/C2009-0-55410-4

[25] Hunot, V., Churchill, R., Silva de Lima, M., & Teixeira, V. (2007). Psychological therapies for generalised anxiety disorder. *The Cochrane Database of Systematic Reviews, 1*, CD001848. https://doi.org/10.1002/14651858.CD001848.pub4

[26] Geretsegger, M., Elefant, C., Mössler, K. A., & Gold, C. (2014). Music therapy for people with autism spectrum disorder. *The Cochrane Database of Systematic Reviews, 6*, CD004381. https://doi.org/10.1002/14651858.CD004381.pub3

[27] O'Kearney, R. T., Anstey, K., von Sanden, C., & Hunt, A. (2006). Behavioural and cognitive behavioural therapy for obsessive compulsive disorder in children and adolescents. *The Cochrane Database of Systematic Reviews, 4*, https://doi.org/10.1002/14651858.cd004856.pub2

[28] Morriss, R. K., Faizal, M. A., Jones, A. P., Williamson, P. R., Bolton, C., & McCarthy, J. P. (2007). Interventions for helping people recognise early signs of recurrence in bipolar disorder. *The Cochrane Database of Systematic Reviews, 1*, CD004854. https://doi.org/10.1002/14651858.CD004854.pub2

Silberman, S. (22 de agosto de 2016). Overselling A.D.H.D.: a new book exposes big pharma's role. *The New York Times*. Recuperado em 31 de agosto de 2023, de https://www.nytimes.com/2016/08/28/books/review/adão-nation-alan-schwarz.html

[29] Kazda, L., Bell, K., Thomas, R., McGeechan, K., Sims, R., & Barratt, A. (2021). Overdiagnosis of attention-deficit/hyperactivity disorder in children and adolescents: a systematic scoping review. *JAMA Network Open*, *4*(4), e215335. https://doi.org/10.1001/jamanetworkopen.2021.5335

[30] Kopczynski, A., Hizo, G. H., Lara, M. V. D., & Hein, T. (24 de junho de 2018). Uma facilidade perigosa: drogas da inteligência. *FarmacoLÓGICA*. Recuperado em 31 de agosto de 2023, de https://www.ufrgs.br/farmacologica/2018/06/24/uma-facilidade-perigosa-drogas-da-inteligencia/

[31] Macknik, S. L., & Martinez-Conde, S. (1 de setembro de 2013). Is pain a construct of the mind? *Scientific American*. Recuperado em 31 de agosto de 2023, de https://www.scientificamerican.com/article/is-pain-construct-of-mind/

[32] LeDoux, J. E. (2000). Emotion circuits in the brain. *Annual Review of Neuroscience*, *23*, 155-184. https://doi.org/10.1146/annurev.neuro.23.1.155

[33] Roxo, M. R., Franceschini, P. R., Zubaran, C., Kleber, F. D., & Sander, J. W. (2011). The limbic system conception and its historical evolution. *TheScientificWorldJournal*, *11*, 2428--2441. https://doi.org/10.1100/2011/157150

[34] LeDoux, J. E., & Brown, R. (2017). A higher-order theory of emotional consciousness. *Proceedings of the National Academy of Sciences of the United States of America*, *114*(10), E2016-E2025. https://doi.org/10.1073/pnas.1619316114

[35] Toker, D. (10 de março de 2019). You don't have a lizard brain. *Daniel Toker, A Bundle of Thoughts*. Recuperado em 31 de agosto de 2023, de https://thebrainscientist.com/2018/04/11/you-dont-have-a-lizard-brain/

[36] LeDoux, J. E., & Brown, R. (2017). A higher-order theory of emotional consciousness. *Proceedings of the National Academy of Sciences of the United States of America*, *114*(10), E2016-E2025. https://doi.org/10.1073/pnas.1619316114

[37] Willingham, E. (17 de dezembro de 2020). A smile at a wedding and a cheer at a soccer game are alike the world over. *Scientific American*. Recuperado em 8 de agosto de 2023, de https://www.scientificamerican.com/article/a-smile-at-a-wedding-and-a-cheer-at-a-soccer-game-are-alike-the-world-over/

[38] Paul Ekman Group. (8 de junho de 2021). *Micro Expressions Training | Subtle Expression Training*. Recuperado em 31 de agosto de 2023, de https://www.paulekman.com/micro-expressions-training-tools/

[39] Rabagliati, H., & Bemis, D. K. (2013). Prediction is no panacea: the key to language is in the unexpected. *The Behavioral and Brain Sciences*, *36*(4), 372-373. https://doi.org/10.1017/S0140525X12002671

2. No meio do caminho havia um outro

[1] *Steve McQueen: Once Upon a Time*. (n.d.). South London Gallery. Recuperado em 20 de julho de 2023, de https://www.southlondongallery.org/exhibitions/steve-mcqueen-once-upon-a-time/

[2] Rohrer, J. M., Richter, D., Brümmer, M., Wagner, G. G., & Schmukle, S. C. (2018). Successfully striving for happiness: socially engaged pursuits predict increases in life satisfaction. *Psychological Science*, *29*(8), 1291-1298. https://doi.org/10.1177/0956797618761660

Ortiz-Ospina, E. (17 de julho de 2019). *Are we happier when we spend more time with others?* Our World in Data. Recuperado em 31 de agosto de 2023, de https://ourworldindata.org/happiness-and-friends

Ted. (25 de janeiro de 2016). *What makes a good life? Lessons from the longest study on happiness | Robert Waldinger.* [Vídeo]. YouTube. Recuperado em 31 de agosto de 2023, de https://www.youtube.com/watch?v=8KkKuTCFvzI

[3] Goode, E. (1 de abril de 2021). Solitary confinement: punished for life. *The New York Times.* Recuperado em 31 de agosto de 2023, de https://www.nytimes.com/2015/08/04/health/solitary-confinement-mental-illness.html?_r=0

BBC News Brasil. (3 de outubro de 2013). *A história do homem que passou 41 anos na solitária nos EUA.* Recuperado em 31 de agosto de 2023, de https://www.bbc.com/portuguese/noticias/2013/10/131003_confinamento_prisao_rp

Conferir o projeto dedicado a acabar com a solidão, sobretudo na velhice. Cf. What Works Centre for Wellbeing. (19 de julho de 2021). *Campaign to End Loneliness | UK Charity.* Campaign to End Loneliness. Recuperado em 31 de agosto de 2023, de https://www.campaigntoendloneliness.org/

[4] Birch, J. (2020). Kin selection, group selection, and the varieties of population structure. *The British Journal for the Philosophy of Science, 71*(1), 259-286. https://doi.org/10.1093/bjps/axx028

Stearns, S. C. (2007). Are we stalled part way through a major evolutionary transition from individual to group?. *Evolution; International Journal of Organic Evolution, 61*(10), 2275-2280. https://doi.org/10.1111/j.1558-5646.2007.00202.x

[5] Axelrod, R. (2012). Launching "The Evolution of Cooperation." *Journal of Theoretical Biology, 299*, 21-24. https://doi.org/10.1016/j.jtbi.2011.04.015

[6] Lehmann, L., Keller, L., West, S., & Roze, D. (2007). Group selection and kin selection: two concepts but one process. *Proceedings of the National Academy of Sciences of the United States of America, 104*(16), 6736-6739. https://doi.org/10.1073/pnas.0700662104

[7] Há uma grande discussão a respeito do significado de adaptação e seleção – individual, parentesco e grupo–, entre outros, que é relatada nesta obra: Joyce, R. (2017, p. 35-48). *The Routledge Handbook of Evolution and Philosophy* (1. ed.). Routledge.

[8] Mas, se considerarmos que é um investimento para o futuro, em parte também é uma atitude egoísta: Trivers, R. L. (1971). The evolution of reciprocal altruism. *The Quarterly Review of Biology, 46*(1), 35-57. https://doi.org/10.1086/406755

[9] Hamilton, W. D. (1964). The genetical evolution of social behaviour. I. *Journal of Theoretical Biology, 7*(1), 1-16. https://doi.org/10.1016/0022-5193(64)90038-4

Axelrod, R., & Hamilton, W. (1981). The evolution of cooperation. *Science, 211*(4489), 1390-1396. Recuperado em 31 de agosto de 2023, de http://www.jstor.org/stable/1685895

[10] Hamilton's (n.d.). In *Psychology Wiki.* Recuperado em 31 de agosto de 2023, de https://psychology.wikia.org/wiki/Hamilton%27s_rule

[11] Gorrell, J. C., McAdam, A. G., Coltman, D. W., Humphries, M. M., & Boutin, S. (2010). Adopting kin enhances inclusive fitness in asocial red squirrels. *Nature communications, 1*, 22. https://doi.org/10.1038/ncomms1022

[12] Oldroyd, B., Beekman, M., & Brooks, R. (3 de julho de 2014). *The Origins of altruism: why Hamilton still rules 50 years on.* The Conversation. Recuperado em 31 de agosto de 2023, de https://theconversation.com/origins-of-altruism-why-hamilton-still-rules-50-years-on-27223.

[13] Anderson, K. G. (2005). Relatedness and investment in children in South Africa. *Human Nature, 16*(1), 1-31. https://doi.org/10.1007/s12110-005-1005-4

Essock-Vitale, S. M., & McGuire, M. T. (1985). Women's lives viewed from an evolutionary perspective. II. Patterns of helping. *Ethology and Sociobiology, 6*(3), 155-173. https://doi.org/10.1016/0162-3095(85)90028-7

[14] Bourke, A. F. G. (2014). Hamilton's rule and the causes of social evolution. *Philosophical Transactions of the Royal Society B: Biological Sciences, 369*(1642), 20130362. https://doi.org/10.1098/rstb.2013.0362

[15] Roser, M. (5 de abril de 2017). *No matter what extreme poverty line you choose, the share of people below that poverty line has declined globally.* Our World in Data. Recuperado em 31 de agosto de 2023, de https://ourworldindata.org/no-matter-what-global-poverty-line

[16] Roser, M. (2016, January 25). *Burden of Disease.* Our World in Data. Recuperado em 31 de agosto de 2023, de https://ourworldindata.org/burden-of-disease#the-global-distribution-of-the-disease-burden

[17] Vincent, D. (2003). The Progress of Literacy. *Victorian Studies, 45*(3), 405-431. Recuperado em 31 de agosto de 2023, de http://www.jstor.org/stable/3830183

[18] Pinker, S. (2012). *The Better Angels of Our Nature: Why Violence Has Declined.* Penguin Books.

[19] *Deaths from protein-energy malnutrition, by age.* (n.d.). Our World in Data. Recuperado em 31 de agosto de 2023, de https://ourworldindata.org/grapher/malnutrition-deaths-by-age?country=%7EOWID_WRL

[20] *Share of the population with no formal education, projections by IIASA.* (n.d.). Our World in Data. Recuperado em 31 de agosto de 2023, de https://ourworldindata.org/grapher/projections-of-the-rate-of-no-education-based-on-current-global-education-trends-1970-2050

[21] *Infectious disease death rates.* (n.d.). Our World in Data. Recuperado em 31 de agosto de 2023, de https://ourworldindata.org/grapher/infectious-disease-death-rates

[22] Singer, P. (5 de outubro de 2011). The Better Angels of Our Nature — By Steven Pinker — Book Review. *The New York Times.* Recuperado em 31 de agosto de 2023, de https://www.nytimes.com/2011/10/09/books/review/the-better-angels-of-our-nature-by-steven-pinker-book-review.html

[23] Pinker, S. (2012). *The Better Angels of Our Nature: Why Violence Has Declined* (Illustrated ed.). Penguin Books.

[24] Shaffer, B. D. (2004). *Book Review | A History of Force: Exploring the Worldwide Movement Against Habits of Coercion, Bloodshed, and Mayhem, by James L. Payne.* The Independent Institute. Recuperado em 31 de agosto de 2023, de https://www.independent.org/publications/tir/article.asp?id=464

Lederer, E. M. (10 de dezembro de 2007). U.N. backs moratorium on the death penalty. *The Philadelphia Inquirer.* https://www.inquirer.com/philly/news/nation_world/20071219_U_N__backs_moratorium_on_the_death_penalty.html

Death Penalty Information Center. (n.d.). *More than 70% of the world's countries have abolished capital punishment in law or practice. The U.S. is an outlier among its close allies in its continued use of the death penalty.* Death Penalty Info. Recuperado em 31 de agosto de 2023, de https://deathpenaltyinfo.org/policy-issues/international

Amnesty International. (10 de abril de 2020). *Death penalty in 2019: Facts and figures.* Recuperado em 31 de agosto de 2023, de https://www.amnesty.org/en/latest/news/2020/04/death-penalty-in-2019-facts-and-figures/

[25] Davis, N. (14 de fevereiro de 2018). Natural born killers: humans predisposed to murder, study suggests. *The Guardian*. Recuperado em 31 de agosto de 2023, de https://www.theguardian.com/science/2016/sep/28/natural-born-killers-humans-predisposed-to-study-suggests

[26] Cunen, C., Hjort, N. L., & Nygård, H. M. (2020). Statistical sightings of better angels: analysing the distribution of battle-deaths in interstate conflict over time. *Journal of Peace Research, 57*(2), 221-234. https://doi.org/10.1177/0022343319896843

Battle-related deaths in state-based conflicts since 1946. (n.d.). Our World in Data. Recuperado em 31 de agosto de 2023, de https://ourworldindata.org/grapher/battle-related-deaths-in-state-based-conflicts-since-1946

Cioffi-Revilla, C., & Midlarsky, M. A. (2013). Power Laws, Scaling, and Fractals in the Most Lethal International and Civil Wars. *SSRN Electronic Journal*. https://doi.org/10.2139/ssrn.2291166

[27] Shaffer, B. D. (2004). *Book Review | A History of Force: Exploring the Worldwide Movement Against Habits of Coercion, Bloodshed, and Mayhem, by James L. Payne*. The Independent Institute. Recuperado em 31 de agosto de 2023, de https://www.independent.org/publications/tir/article.asp?id=464

[28] Roser, M. (23 de maio de 2013). *Life Expectancy*. Our World in Data. Recuperado em 31 de agosto de 2023, de https://ourworldindata.org/life-expectancy#:%7E:text=Globally%20the%20life%20expectancy%20increased,more%20than%20twice%20as%20long

[29] Whitcomb, I. (30 de setembro de 2019). *7 Sexist Ideas That Once Plagued Science*. Live Science. Recuperado em 31 de agosto de 2023, de https://www.livescience.com/sexist-medical-ideas-about-women.html

[30] *Women who experienced violence by an intimate partner*. (n.d.). Our World in Data. Recuperado em 31 de agosto de 2023, de https://ourworldindata.org/grapher/women-violence-by-an-intimate-partner

[31] Brown, S. (2017). A joint prosodic origin of language and music. *Frontiers in Psychology, 8*, 1894. https://doi.org/10.3389/fpsyg.2017.01894

[32] Proposto inicialmente por Darwin de acordo com: Thompson, W. F. (2008, p. 23). *Music, Thought, and Feeling: Understanding the Psychology of Music*. Oxford University Press.

[33] Meher, S., Singh, M., York, H., Glowacki, L., & Krasnow, M. (2018). Form and function in human song. *Current Biology, 28*(3), 356–368.e5. https://doi.org/10.1016/j.cub.2017.12.042

E, mesmo tendo diferenças culturais, elas são mais características dentro de uma cultura do que entre culturas. Cf.: Mehr, S. A., Singh, M., Knox, D., Ketter, D. M., Pickens-Jones, D., Atwood, S., Lucas, C., Jacoby, N., Egner, A. A., Hopkins, E. J., Howard, R. M., Hartshorne, J. K., Jennings, M. V., Simson, J., Bainbridge, C. M., Pinker, S., O'Donnell, T. J., Krasnow, M. M., & Glowacki, L. (2019). Universality and diversity in human song. *Science, 366*(6468), eaax0868. https://doi.org/10.1126/science.aax0868

[34] Honing, H. (23 de junho de 2021). *Are Humans the Only Musical Species?* The MIT Press Reader. Rcuperado em 31 de agosto de 2023, de https://thereader.mitpress.mit.edu/are-humans-the-only-musical-species/

Hoeschele, M., Merchant, H., Kikuchi, Y., Hattori, Y., & ten Cate, C. (2015). Searching for the origins of musicality across species. *Philosophical Transactions of the Royal Society of London. Series B, Biological Sciences, 370*(1664), 20140094. https://doi.org/10.1098/rstb.2014.0094

[35] Stolk, A., Verhagen, L., & Toni, I. (2016). Conceptual alignment: how brains achieve mutual understanding. *Trends in Cognitive Sciences, 20*(3), 180-191. https://doi.org/10.1016/j.tics.2015.11.007

Barrett, L. F. (2017, pp. 195-97). *How Emotions Are Made: The Secret Life of the Brain.* Houghton Mifflin Harcourt.

Nummenmaa, L., Smirnov, D., Lahnakoski, J. M., Glerean, E., Jääskeläinen, I. P., Sams, M., & Hari, R. (2014). Mental action simulation synchronizes action-observation circuits across individuals. *The Journal of Neuroscience: the official journal of the Society for Neuroscience, 34*(3), 748-757. https://doi.org/10.1523/JNEUROSCI.0352-13.2014

[36] Stolk, A., Verhagen, L., & Toni, I. (2016). Conceptual alignment: how brains achieve mutual understanding. *Trends in Cognitive Sciences, 20*(3), 180-191. https://doi.org/10.1016/j.tics.2015.11.007

[37] Stolk, A., Verhagen, L., & Toni, I. (2016). Conceptual alignment: how brains achieve mutual understanding. *Trends in Cognitive Sciences, 20*(3), 180-191. https://doi.org/10.1016/j.tics.2015.11.007

[38] Este subtítulo é o titulo do livro: Henrich, J. (2016). *The Secret of Our Success: How Culture Is Driving Human Evolution, Domesticating Our Species, and Making Us Smarter.* Princeton University Press.

[39] Feitosa-Santana, C. (23 de dezembro de 2011). *Querer é Poder. . . do Egoísmo do Gene a Transcendência do ser Humano.* Claudia Feitosa-Santana. Recuperado em 31 de agosto de 2023, de https://feitosa-santana.com/querer-e-poder-do-egoismo-do-gene-a-transcendencia-do-ser-humano/

[40] Brodin, P., Jojic, V., Gao, T., Bhattacharya, S., Angel, C. J., Furman, D., Shen-Orr, S., Dekker, C. L., Swan, G. E., Butte, A. J., Maecker, H. T., & Davis, M. M. (2015). Variation in the human immune system is largely driven by non-heritable influences. *Cell, 160*(1-2), 37-47. https://doi.org/10.1016/j.cell.2014.12.020

[41] Henrich, J. (2016, p. 136, 217). *The Secret of Our Success: How Culture Is Driving Human Evolution, Domesticating Our Species, and Making Us Smarter.* Princeton University Press.

[42] Henrich, J. (2016, p. 136, 218-22). *The Secret of Our Success: How Culture Is Driving Human Evolution, Domesticating Our Species, and Making Us Smarter.* Princeton University Press.

National Museum of Australia (n.d.). *Separation of Tasmania.* National Museum of Australia. Recuperado em 31 de agosto de 2023, de https://www.nma.gov.au/defining-moments/resources/separation-of-tasmania

[43] Henrich, J. (2016, p. 136, 218-22). *The Secret of Our Success: How Culture Is Driving Human Evolution, Domesticating Our Species, and Making Us Smarter.* Princeton University Press.

[44] Nomaler, N., Frenken, K., & Heimeriks, G. (2014). On scaling of scientific knowledge production in U.S. metropolitan areas. *Plos One, 9*(10), e110805. https://doi.org/10.1371/journal.pone.0110805

Grossetti, M., Eckert, D., Gingras, Y., Jégou, L., Larivière, V., & Milard, B. (2013). Cities and the geographical deconcentration of scientific activity: a multilevel analysis of publications (1987–2007). *Urban Studies, 51*(10), 2219-2234. https://doi.org/10.1177/0042098013506047

[45] Jabr, F. (12 de outubro de 2011). Steven Pinker: humans are less violent than ever. *New Scientist.* Recuperado em 31 de agosto de 2023, de https://www.newscientist.com/article/mg21228340-100-steven-pinker-humans-are-less-violent-than-ever/

[46] Cohen, P. (6 de fevereiro de 2013). Genetics and Crime at Institute of Justice Conference. *The New York Times*. Recuperado em 31 de agosto de 2023, de https://www.nytimes.com/2011/06/20/arts/genetics-and-crime-at-institute-of-justice-conference.html

[47] Henrich, J. (2016, p. 136). *The Secret of Our Success: How Culture Is Driving Human Evolution, Domesticating Our Species, and Making Us Smarter*. Princeton University Press.

[48] Feitosa-Santana, C. (20 de julho de 2020). Ensaio sobre a racionalidade humana: tomada de decisão com (e sem) pandemia. *Estado da Arte*. Recuperado em 31 de agosto de 2023, de https://estadodaarte.estadao.com.br/tomada-decisao-racionalidade-feitosa-santana/

[49] Chen, H., Paris, C., & Reeson, A. (2020). The impact of social ties and SARS memory on the public awareness of 2019 novel coronavirus (SARS-CoV-2) outbreak. *Scientific Reports, 10*(1). https://doi.org/10.1038/s41598-020-75318-9

[50] Stearns, S. C. (2007). Are we stalled part way through a major evolutionary transition from individual to group?. *Evolution; International Journal of Organic Evolution*, *61*(10), 2275-2280. https://doi.org/10.1111/j.1558-5646.2007.00202.x

Carey, B. (12 de janeiro de 2021). The history behind "Mob" mentality. *The New York Times*. Recuperado em 31 de agosto de 2023, de https://www.nytimes.com/2021/01/12/science/crowds-mob-psychology.html

[51] Feitosa-Santana, C. (20 de julho de 2020). Ensaio sobre a racionalidade humana: tomada de decisão com (e sem) pandemia. *Estado da Arte*. Recuperado em 31 de agosto de 2023, de https://estadodaarte.estadao.com.br/tomada-decisao-racionalidade-feitosa-santana/

3. Eu no mundo: entre a ilusão e a solidão

[1] Lu, D., George, A., Cossins, D, & Liverpool, L. (29 de janeiro de 2020). What you experience may not exist. Inside the strange truth of reality. *New Scientist*. Recuperado em 31 de agosto de 2023, de https://www.newscientist.com/article/mg24532670-800-what-you-experience-may-not-exist-inside-the-strange-truth-of-reality/

[2] Draaisma, D. (20 de abril de 2017). Perception: our useful inability to see reality. *Nature*. Recuperado em 31 de agosto de 2023, de https://www.nature.com/articles/544296a?error=cookies_not_supported&code=f226352a-a985-40f8-8c61-fd35330519de

[3] National Aeronautics and Space Administration, Goddard Space Flight Center. (n.d.). *The Electromagnetic Spectrum - Introduction*. Imagine the Universe! Recuperado em 31 de agosto de 2023, de https://imagine.gsfc.nasa.gov/science/toolbox/emspectrum1.html

[4] Goldstein, B. E., & Brockmole, J. (2010, p. 75). *Sensation and Perception* (8. ed.). Cengage Learning.

David-Gray, Z. K., Janssen, J. W. H., DeGrip, W. J., Nevo, E., Foster, R. G. (1998). Light detection in a ‹blind› mammal. *Nature Neuroscience 1*, 655–656. https://doi.org/10.1038/3656

[5] Feitosa-Santana, C., & Menna-Barreto, L. (2007, pp. 36-39). Os três caminhos da luz. In C. Feitosa-Santana, L. C. L. Silveira, & D. F. Ventura (Eds.). *Cadernos da Primeira Oficina de Estudos da Visão*. IP-USP (NeC).

[6] *AutoMEQ*. (n.d.). Center for Environmental Therapeutics. Recuperado em 31 de agosto de 2023, de https://www.chronotype-self-test.info/index.php?sid=61524&newtest=Y

Mas isso requer dias para fazer efeito, não espere resultados imediatos. Cf.: Lupi, D. (2008). The acute light-induction of sleep is mediated by OPN4-based photoreception. *Nature Neuroscience, 11*, 1068–1073. https://doi.org/10.1038/nn.2179

Ruby, N. F., Brennan, T. J., Xie, X., Cao, V., Franken, P., Heller, H. C., & O'Hara, B. F. (2002). Role of melanopsin in circadian responses to light. *Science, 298*(5601), 2211-2213. https://doi.org/10.1126/science.1076701

Masters, A., Pandi-Perumal, S. R., Seixas, A., Girardin, J. L., & McFarlane, S. I. (2014). Melatonin, the hormone of darkness: from sleep promotion to ebola treatment. *Brain Disorders & Therapy, 4*(1), 1000151. https://pubmed.ncbi.nlm.nih.gov/25705578/

Da mesma forma, o uso da luz pode estimular a produção da melanopsina, que ajuda a sustentar a atenção. Cf.: Lockley, S. W., Evans, E. E., Scheer, F. A. J. L., Brainard, G. C., Czeisler, C. A., & Aeschbach, D. (2006). Short-wavelength sensitivity for the direct effects of light on alertness, vigilance, and the waking electroencephalogram in humans. *Sleep, 29*(2), 161-168. https://doi.org/10.1093/sleep/29.2.161

[7] Feitosa-Santana, C., & Menna-Barreto, L. (2007, pp. 36-39). Os três caminhos da luz. In C. Feitosa-Santana, L. C. L. Silveira, & D. F. Ventura (Eds.). *Cadernos da Primeira Oficina de Estudos da Visão.* IP-USP (NeC).

[8] Kelber, A. (2019). Bird colour vision – from cones to perception. *Current Opinion in Behavioral Sciences, 30*, 34-40. https://doi.org/10.1016/j.cobeha.2019.05.003

[9] Em inglês, há uma expressão que diz "as blind as a bat" (ou, em português, "cego como um morcego"). Mas os estudos com morcegos contrariam esse ditado popular. Cf.: Caspermeyer, J. (2019). Just how blind are bats? Color vision gene study examines key sensory tradeoffs. *Molecular Biology and Evolution, 36*(1), 200-201. https://doi.org/10.1093/molbev/msy218

[10] Neitz, J., Geist, T., & Jacobs, G. H. (1989). Color vision in the dog. *Visual Neuroscience, 3*(2), 119-125. https://doi.org/10.1017/s0952523800004430

[11] Clark, D. L., & Clark, R. A. (2016). Neutral point testing of color vision in the domestic cat. *Experimental Eye Research, 153*, 23-26. https://doi.org/10.1016/j.exer.2016.10.002

[12] Pastilha, R. C., Linhares, J., Gomes, A. E., Santos, J., de Almeida, V., & Nascimento, S. M. C. (2019). The colors of natural scenes benefit dichromats. *Vision Research, 158*, 40-48. https://doi.org/10.1016/j.visres.2019.02.003

[13] Goldstein, B. E., & Brockmole, J. (2010, p. 32-35). *Sensation and Perception* (8. ed.). Cengage Learning.

[14] Goldstein, B. E., & Brockmole, J. (2010, p. 217-218). *Sensation and Perception* (8. ed.). Cengage Learning.

[15] Werner, A., Menzel, R., & Wehrhahn, C. (1988). Color constancy in the honeybee. *The Journal of Neuroscience: the official journal of the Society for Neuroscience, 8*(1), 156-159. https://doi.org/10.1523/JNEUROSCI.08-01-00156.1988

[16] Foster, D. H. (2011). Color constancy. *Vision Research, 51*(7), 674-700. https://doi.org/10.1016/j.visres.2010.09.006

[17] Goldstein, B. E., & Brockmole, J. (2010, p. 246-247). *Sensation and Perception* (8. ed.). Cengage Learning.

[18] Barrett, L. F. (2017, pp. 195-197). *How Emotions Are Made: The Secret Life of the Brain.* Houghton Mifflin Harcourt.

[19] Laland, K. (setembro de 2018). What made us unique. *Scientific American.* Recuperado em 8 de agosto de 2023, de https://www.scientificamerican.com/article/what-made-us-unique/

[20] Por causa dessa dificuldade, Darwin chegou a fazer pequenos experimentos em casa. Certa vez, testou mais de vinte convidados para verificar se conseguiam adivinhar qual era a expressão de determinada foto sem receberem pistas. Cf.: Jabr, F. (24 de maio de 2010). The evolution of emotion: Charles Darwin's little-known psychology experiment. *Scientific American.* Recuperado em 31 de agosto de 2023, de https://blogs.scientificamerican.com/observations/the-evolution-of-emotion-charles-darwins-little-known-psychology-experiment/

[21] Harari, Y. N. (2011, pp. 25-32). *Sapiens – A Brief History of Humankind.* Dvir Publishing House Ltd.

[22] Devichand, M. (1 de janeiro de 2016). *#TheDress couple: "we were completely left out from the story."* BBC News. Recuperado em 31 de agosto de 2023, de https://www.bbc.com/news/blogs-trending-35073088

[23] Daoudi, L. D., Doerig, A., Parkosadze, K., Kunchulia, M., & Herzog, M. H. (2017). The role of one-shot learning in #TheDress. *Journal of Vision, 17*(3), 15. https://doi.org/10.1167/17.3.15

[24] Maksimenko, V., Kuc, A., Frolov, N., Kurkin, S., & Hramov, A. (2021). Effect of repetition on the behavioral and neuronal responses to ambiguous Necker cube images. *Scientific Reports, 11*(1). https://doi.org/10.1038/s41598-021-82688-1

Winkler, A. D., Spillmann, L., Werner, J. S., & Webster, M. A. (2015). Asymmetries in blue-yellow color perception and in the color of 'the dress'. *Current Biology, 25*(13), R547-R548. https://doi.org/10.1016/j.cub.2015.05.004

[25] Sathirapongsasuti, F., Wilson, F., Engelberg, J., Bell, R., Hinds, D., & McLean, Cory. (2015). *Analysis of #TheDress.* Recuperado em 31 de agosto de 2023, de https://blog.23andme.com/wp-content/uploads/2015/03/TheDress-White-Paper.pdf

[26] Mahroo, O. A., Williams, K. M., Hossain, I. T., Yonova-Doing, E., Kozareva, D., Yusuf, A., Sheriff, I., Oomerjee, M., Soorma, T., & Hammond, C. J. (2017). Do twins share the same dress code? Quantifying relative genetic and environmental contributions to subjective perceptions of "the dress" in a classical twin study. *Journal of Vision, 17*(1), 29. https://doi.org/10.1167/17.1.29

[27] Brainard, D. H., & Hurlbert, A. C. (2015). Colour vision: understanding #TheDress. *Current Biology, 25*(13), R551-R554. https://doi.org/10.1016/j.cub.2015.05.020

Morimoto, T., Fukuda, K., & Uchikawa, K. (2021). Explaining #theShoe based on the optimal color hypothesis: the role of chromaticity vs. luminance distribution in an ambiguous image. *Vision Research, 178*, 117-123. https://doi.org/10.1016/j.visres.2020.10.007

[28] Witzel, C., Racey, C., & O'Regan, J. K. (2017). The most reasonable explanation of "the dress": implicit assumptions about illumination. *Journal of Vision, 17*(2), 1. https://doi.org/10.1167/17.2.1

[29] Meu estudo sobre o viral: Feitosa-Santana, C., Lutze, M., Barrionuevo, P. A., & Cao, D. (2018). Assessment of #TheDress with traditional color vision tests: perception differences are associated with *Blueness. i-Perception, 9*(2), 2041669518764192. https://doi.org/10.1177/2041669518764192

Lafer-Sousa, R., Hermann, K. L., & Conway, B. R. (2015). Striking individual differences in color perception uncovered by 'the dress' photograph. *Current Biology, 25*(13), R545-R546. https://doi.org/10.1016/j.cub.2015.04.053

Lafer-Sousa, R., & Conway, B. R. (2017). #TheDress: categorical perception of an ambiguous color image. *Journal of Vision, 17*(12), 25. https://doi.org/10.1167/17.12.25

Mahroo, O. A., Williams, K. M., Hossain, I. T., Yonova-Doing, E., Kozareva, D., Yusuf, A., Sheriff, I., Oomerjee, M., Soorma, T., & Hammond, C. J. (2017). Do twins share the same dress code? Quantifying relative genetic and environmental contributions to subjective perceptions of "the dress" in a classical twin study. *Journal of Vision, 17*(1), 29. https://doi.org/10.1167/17.1.29

[30] Nascimento, S. M. C., Herdeiro, C. F. M., Gomes, A. E., Linhares, J. M. M., Kondo, T., & Nakauchi, S. (2020). The best cct for appreciation of paintings under daylight illuminants is different for occidental and oriental viewers. *LEUKOS, 17*(3), 310-318. https://doi.org/10.1080/15502724.2020.1761828

Feitosa-Santana, C. (29 de agosto de 2014). *A Lenda dos Muitos Brancos dos Inuits – Esquimós.* Claudia Feitosa-Santana. Recuperado em 31 de agosto de 2023, de https://feitosa-santana.com/a-lenda-dos-muitos-brancos-dos-esquimos

Liberman, M. (2 de março de 2015). *It's not easy seeing green.* Language Log. Recuperado em 8 de agosto de 2021, de https://languagelog.ldc.upenn.edu/nll/?p=17970

[31] Witzel, C., Racey, C., & O'Regan, J. K. (2017). The most reasonable explanation of "the dress": implicit assumptions about illumination. *Journal of Vision, 17*(2), 1. https://doi.org/10.1167/17.2.1

Goldstein, E. B., & Brockmole, J. (2011, p. 57). *Cognitive Psychology: Connecting Mind, Research, and Everyday Experience* (3. ed.). Cengage.

[32] Hubel, D. H., & Wiesel, T. N. (1959). Receptive fields of single neurones in the cat's striate cortex. *The Journal of Physiology, 148*(3), 574-591. https://doi.org/10.1113/jphysiol.1959.sp006308

[33] The Norwegian University of Science and Technology (NTNU). (2 de janeiro de 2017). Babies exposed to stimulation get brain boost. *ScienceDaily.* Recuperado em 31 de agosto de 2023, de www.sciencedaily.com/releases/2017/01/170102143458.htm

National Research Council, Institute of Medicine, Board on Children, Youth, and Familes, Committee on the Science of Children Birth to Age 8: Deepening and Broadening the Foundation for Success, Allen, L., & Kelly, B. B., Eds (2015). *Transforming the Workforce for Children Birth Through Age 8: A Unifying Foundation (BCYF 25th Anniversary).* The National Academies Press. https://doi.org/10.17226/19401

[34] Anderson, N. D., & Craik, F. I. (2017). 50 years of cognitive aging theory. *The Journals of Gerontology. Series B, Psychological Sciences and Social Sciences, 72*(1), 1-6. https://doi.org/10.1093/geronb/gbw108

[35] Sobre o período crítico para o desenvolvimento da linguagem, buscar a seção *The Development of Language: A Critical Period in Humans* no livro: Purves, D., Augustine, G. J., Fitzpatrick, D., Katz, L. C., LaMantia, A. S., McNamara, J. O., & Williams, S. M. (2001). Neuroscience (2. ed.). Sinauer Associates. Recuperado em 31 de agosto de 2023, de https://www.ncbi.nlm.nih.gov/books/NBK11007/

[36] Mass suicide. (n.d.). In *Wikipedia*. Recuperado em 31 de agosto de 2023, de https://en.wikipedia.org/wiki/Mass_suicide

[37] Fiorotto, B. (20 de maio de 2020). *Trambiques, Crimes e Muita Dor: A História da Seita de João de Deus em "A Casa."* B9. Recuperado em 31 de agosto de 2023, de https://www.b9.com.br/126374/trambiques-crimes-e-muita-dor-a-historia-da-seita-de-joao-de-deus-em-a-casa/

Piva, J. D. (19 de setembro de 2018). A ciranda de sexo, dinheiro e mentiras de Prem Baba. *Época*. Recuperado em 31 de agosto de 2023, de https://oglobo.globo.com/epoca/a-ciranda-de-sexo-dinheiro-mentiras-de-prem-baba-23066393

Stein, A. (10 de outubro de 2019). *Cults are terrifying. But they're even worse for women.* NBC News. Recuperado em 8 de agosto de 2021, de https://www.nbcnews.com/think/opinion/cults-are-terrifying-they-re-even-worse-women-ncna862051

4. Como tomar decisões melhores

[1] Thaler, R. H. (2000). From Homo Economicus to Homo Sapiens. *Journal of Economic Perspectives, 14*(1), 133-141. https://doi.org/10.1257/jep.14.1.133

[2] Primeiro relato do caso: Eslinger, P. J., & Damasio, A. R. (1985). Severe disturbance of higher cognition after bilateral frontal lobe ablation: patient EVR. *Neurology, 35*(12), 1731--1741. https://doi.org/10.1212/wnl.35.12.1731

Proposta da nova teoria: Damasio, A. R. (1996). The somatic marker hypothesis and the possible functions of the prefrontal cortex. *Philosophical Transactions of the Royal Society of London. Series B, Biological Sciences, 351*(1346), 1413-1420. https://doi.org/10.1098/rstb.1996.0125

Bechara, A., & Damasio, A. R. (2005). The somatic marker hypothesis: a neural theory of economic decision. *Games and Economic Behavior, 52*(2), 336-372. https://doi.org/10.1016/j.geb.2004.06.010

Crittenden, J. R., Tillberg, P. W., Riad, M. H., Shima, Y., Gerfen, C. R., Curry, J., Housman, D. E., Nelson, S. B., Boyden, E. S., & Graybiel, A. M. (2016). Striosome–dendron bouquets highlight a unique striatonigral circuit targeting dopamine-containing neurons. *Proceedings of the National Academy of Sciences, 113*(40), 11318-11323. https://doi.org/10.1073/pnas.1613337113

Lerner, J. S., Li, Y., Valdesolo, P., & Kassam, K. S. (2015). Emotion and decision making. *Annual Review of Psychology, 66*(1), 799-823. https://doi.org/10.1146/annurev-psych-010213-115043

[3] Castro, P. A. L., Barreto Teodoro, A. R., de Castro, L. I., & Parsons, S. (2016). Expected utility or prospect theory: which better fits agent-based modeling of markets? *Journal of Computational Science, 17*, 97-102. https://doi.org/10.1016/j.jocs.2016.10.002

[4] Crelier, C. (26 de novembro de 2021). *Life expectancy of Brazilians increases 3 months and reaches 76.6 years in 2019.* IBGE - Agência de Notícias. Recuperado em 31 de agosto de 2023, de https://agenciadenoticias.ibge.gov.br/en/agencia-news/2184-news-agency/news/29532-life-expectancy-of-brazilians-increases-3-months-and-reaches-76-6-years-in-2019

[5] Oliveira, N. (29 de agosto de 2016). *IBGE: expectativa de vida dos brasileiros aumentou mais de 40 anos em 11 décadas*. Agência Brasil. Recuperado em 31 de agosto de 2023, de https://agenciabrasil.ebc.com.br/geral/noticia/2016-08/ibge-expectativa-de-vida-dos-brasileiros-aumentou-mais-de-75-anos-em-11

[6] Sperber, D., & Mercier, H. (2017, pp. 205-211). *The Enigma of Reason: A New Theory of Human Understanding.* Penguin.

[7] Kahneman, D. (2011). *Rápido e Devagar: Duas Formas de Pensar.* Editora Objetiva.

[8] Phelps, M. (24 de janeiro de 2020). Michael Phelps: "Treinei nos 365 dias do ano." *Veja.* Recuperado em 8 de agosto de 2021, de https://veja.abril.com.br/esporte/michael-phelps-treinei-nos-365-dias-do-ano/

[9] Edwards, S. (2016). *Sugar and the Brain.* Harvard Medical School. Recuperado em 31 de agosto de 2023, de https://hms.harvard.edu/news-events/publications-archive/brain/sugar-brain#:%7E:text=Glucose%2C%20a%20form%20of%20sugar,sugar%20energy%20in%20the%20body

Attwell, D., & Laughlin, S. B. (2001). An energy budget for signaling in the grey matter of the brain. *Journal of Cerebral Blood Flow & Metabolism, 21*(10), 1133-1145. https://doi.org/10.1097/00004647-200110000-00001

[10] Radeke, M. K., & Stahelski, A. J. (2020). Altering age and gender stereotypes by creating the halo and horns effects with facial expressions. *Humanities and Social Sciences Communications, 7*(1). https://doi.org/10.1057/s41599-020-0504-6

[11] Nisbett, R. E., & Wilson, T. D. (1977). The halo effect: evidence for unconscious alteration of judgments. *Journal of Personality and Social Psychology, 35*(4), 250-256. https://doi.org/10.1037/0022-3514.35.4.250

Thiruchselvam, R., Harper, J., & Homer, A. L. (2016). Beauty is in the belief of the beholder: cognitive influences on the neural response to facial attractiveness. *Social Cognitive and Affective Neuroscience, 11*(12), 1999-2008. https://doi.org/10.1093/scan/nsw115

[12] Felton, J., Mitchell, J., & Stinson, M. (2004). Web-based student evaluations of professors: the relations between perceived quality, easiness and sexiness. *Assessment & Evaluation in Higher Education, 29*(1), 91-108. https://doi.org/10.1080/0260293032000158180

Clayson, D. E., & Haley, D. A. (2011). Are students telling us the truth? A critical look at the student evaluation of teaching. *Marketing Education Review, 21*(2), 101-112. https://doi.org/10.2753/mer1052-8008210201

Cox, S. R., Rickard, M. K., & Lowery, C. M. (2021). The student evaluation of teaching: let's be honest - who is telling the truth? *Marketing Education Review.* https://doi.org/10.1080/10528008.2021.1922924

Talamas, S. N., Mavor, K. I., & Perrett, D. I. (2016). Blinded by beauty: attractiveness bias and accurate perceptions of academic performance. *Plos One, 11*(2), e0148284. https://doi.org/10.1371/journal.pone.0148284

[13] Spezio, M. L., Rangel, A., Alvarez, R. M., O'Doherty, J. P., Mattes, K., Todorov, A., Kim, H., & Adolphs, R. (2008). A neural basis for the effect of candidate appearance on election outcomes. *Social Cognitive and Affective Neuroscience, 3*(4), 344-352. https://doi.org/10.1093/scan/nsn040

Todorov, A., Mandisodza, A. N., Goren, A., & Hall, C. C. (2005). Inferences of competence from faces predict election outcomes. *Science, 308*(5728), 1623-1626. https://doi.org/10.1126/science.1110589

Zelkowitz, R. (31 de outubro de 2008). When the right look trumps the right stuff. *Science.* Recuperado em 31 de agosto de 2023, de https://www.sciencemag.org/news/2008/10/when-right-look-trumps-right-stuff

White, A. E., Kenrick, D. T., & Neuberg, S. L. (2013). Beauty at the ballot box: disease threats predict preferences for physically attractive leaders. *Psychological Science, 24*(12), 2429-2436. https://doi.org/10.1177/0956797613493642

[14] Presente em todas as culturas: Langlois, J. H., Kalakanis, L., Rubenstein, A. J., Larson, A., Hallam, M., & Smoot, M. (2000). Maxims or myths of beauty? A meta-analytic and theoretical review. *Psychological Bulletin, 126*(3), 390–423. https://doi.org/10.1037/0033-2909.126.3.390

Moore, F. R., Filippou, D., & Perrett, D. I. (2011). Intelligence and attractiveness in the face: beyond the attractiveness halo effect. *Journal of Evolutionary Psychology, 9*(3), 205-217. https://doi.org/10.1556/jep.9.2011.3.2

[15] Lamont, R. A., Swift, H. J., & Abrams, D. (2015). A review and meta-analysis of age-based stereotype threat: negative stereotypes, not facts, do the damage. *Psychology and Aging, 30*(1), 180-193. https://doi.org/10.1037/a0038586

[16] Goldstein, E. B. (2011, p. 348). *Cognitive Psychology: Connecting Mind, Research, and Everyday Experience* (3. ed.). Cengage.

[17] Sperber, D., & Mercier, H. (2017). *The Enigma of Reason: A New Theory of Human Understanding.* Penguin.

[18] Uma crítica do livro *Blink*, um best-seller que advoga pelo pensamento rápido feito quase exclusivamente com anedotas: Brooks, D. (16 de janeiro de 2005). "Blink": Hunch Power. *The New York Times.* Recuperado em 31 de agosto de 2023, de https://www.nytimes.com/2005/01/16/books/review/blink-hunch-power.html

Outra crítica do mesmo livro: Bayley, S. (22 de fevereiro de 2018). Be a blinking marvel. *The Guardian.* Recuperado em 31 de agosto de 2023, de https://www.theguardian.com/books/2005/feb/06/scienceandnature.society

[19] Peters, A., Schweiger, U., Pellerin, L., Hubold, C., Oltmanns, K. M., Conrad, M., Schultes, B., Born, J., & Fehm, H. L. (2004). The selfish brain: competition for energy resources. *Neuroscience and Biobehavioral Reviews, 28*(2), 143-180. https://doi.org/10.1016/j.neubiorev.2004.03.002

Madsen, P. L., Hasselbalch, S. G., Hagemann, L. P., Olsen, K. S., Bülow, J., Holm, S., Wildschiødtz, G., Paulson, O. B., & Lassen, N. A. (1995). Persistent resetting of the cerebral oxygen/glucose uptake ratio by brain activation: evidence obtained with the Kety-Schmidt technique. *Journal of Cerebral Blood Flow and Metabolism: official journal of the International Society of Cerebral Blood Flow and Metabolism, 15*(3), 485-491. https://doi.org/10.1038/jcbfm.1995.60

Evidência de perda cortical para o estresse acumulado na vivência da anorexia nervosa. Cf.: Mühlau, M., Gaser, C., Ilg, R., Conrad, B., Leibl, C., Cebulla, M. H., Backmund, H., Gerlinghoff, M., Lommer, P., Schnebel, A., Wohlschläger, A. M., Zimmer, C., & Nunnemann, S. (2007). Gray matter decrease of the anterior cingulate cortex in anorexia nervosa. *The American Journal of Psychiatry, 164*(12), 1850-1857. https://doi.org/10.1176/appi.ajp.2007.06111861

[20] Estudo preliminar sobre a força de vontade para compensar o cansaço. Cf.: Job, V., Walton, G. M., Bernecker, K., & Dweck, C. S. (2013). Beliefs about willpower determine the impact of glucose on self-control. *Proceedings of the National Academy of Sciences of the United States of America, 110*(37), 14837-14842. https://doi.org/10.1073/pnas.1313475110

Outro na mesma linha é o seguinte: Webb, T. L., & Sheeran, P. (2003). Can implementation intentions help to overcome ego-depletion? *Journal of Experimental Social Psychology, 39*(3), 279-286. https://doi.org/10.1016/s0022-1031(02)00527-9

[21] Boksem, M. A., Meijman, T. F., & Lorist, M. M. (2005). Effects of mental fatigue on attention: an ERP study. *Cognitive Brain Research, 25*(1), 107-116. https://doi.org/10.1016/j.cogbrainres.2005.04.011

[22] Dallman, M. F., Pecoraro, N., Akana, S. F., La Fleur, S. E., Gomez, F., Houshyar, H., Bell, M. E., Bhatnagar, S., Laugero, K. D., & Manalo, S. (2003). Chronic stress and obesity: a new view of "comfort food". *Proceedings of the National Academy of Sciences of the United States of America, 100*(20), 11696-11701. https://doi.org/10.1073/pnas.1934666100

Rutters, F., Nieuwenhuizen, A. G., Lemmens, S. G., Born, J. M., & Westerterp-Plantenga, M. S. (2009). Acute stress-related changes in eating in the absence of hunger. *Obesity (Silver Spring, Md.), 17*(1), 72-77. https://doi.org/10.1038/oby.2008.493

[23] Hitze, B., Hubold, C., van Dyken, R., Schlichting, K., Lehnert, H., Entringer, S., & Peters, A. (2010). How the selfish brain organizes its supply and demand. *Frontiers in Neuroenergetics, 2*, 7. https://doi.org/10.3389/fnene.2010.00007

Eysenck, M. W., Mogg, K., May, J., Richards, A., & Mathews, A. (1991). Bias in interpretation of ambiguous sentences related to threat in anxiety. *Journal of Abnormal Psychology, 100*(2), 144-150. https://doi.org/10.1037//0021-843x.100.2.144

Wright, W. F., & Bower, G. H. (1992). Mood effects on subjective probability assessment. *Organizational Behavior and Human Decision Processes, 52*(2), 276-291. https://doi.org/10.1016/0749-5978(92)90039-a

[24] Ramirez, G., & Beilock, S. L. (2011). Writing about testing worries boosts exam performance in the classroom. *Science, 331*(6014), 211-213. https://doi.org/10.1126/science.1199427

[25] Mueller, P., & Oppenheimer, D. (2014). The pen is mightier than the keyboard: advantages of longhand over laptop note taking. *Psychological Science, 6*(25), 1159-1168. https://doi.org/10.1177/0956797614524581

Errata publicada para o artigo anterior: Mueller, P. A., & Oppenheimer, D. M. (2018). "The pen is mightier than the keyboard: advantages of longhand over laptop note taking": Corrigendum. *Psychological Science, 29*(9), 1565-1568. https://doi.org/10.1177/0956797618781773

Ose Askvik, E., van der Weel, F., & van der Meer, A. (2020). The importance of cursive handwriting over typewriting for learning in the classroom: a high-density EEG study of 12-year-old children and young adults. *Frontiers in Psychology, 11*, 1810. https://doi.org/10.3389/fpsyg.2020.01810

Kiefer, M., Schuler, S., Mayer, C., Trumpp, N. M., Hille, K., & Sachse, S. (2015). Handwriting or typewriting? The influence of pen- or keyboard-based writing training on reading and writing performance in preschool children. *Advances in Cognitive Psychology, 11*(4), 136-146. https://www.ncbi.nlm.nih.gov/pmc/articles/PMC4710970

[26] Mas vale notar que digitar é economizar tempo (e pode sobrar mais tempo para pensar). Cf.: Mueller, P. A., & Oppenheimer, D. M. (2014). The pen is mightier than the keyboard: advantages of longhand over laptop note taking. *Psychological science, 25*(6), 1159-1168. https://doi.org/10.1177/0956797614524581

5. Muito mais que um ponto cego

[1] Science Buddies, & Lohner, S. (30 de janeiro de 2020). Find Your Blind Spot! *Scientific American.* Recuperado em 31 de agosto de 2023, de https://www.scientificamerican.com/article/find-your-blind-spot/

[2] Console Jr., R. P. (24 de novembro de 2020). What if My Car Accident Was Caused By a Blind Spot? *The National Law Review.* Recuperado em 31 de agosto de 2023, de https://www.natlawreview.com/article/what-if-my-car-accident-was-caused-blind-spot

[3] Sperber, D., & Mercier, H. (2017, pp. 207-209). *The Enigma of Reason: A New Theory of Human Understanding.* Penguin.

[4] Felton, J., Mitchell, J., & Stinson, M. (2004). Web-based student evaluations of professors: the relations between perceived quality, easiness and sexiness. *Assessment & Evaluation in Higher Education, 29*(1), 91-108. https://doi.org/10.1080/0260293032000158180

Clayson, D. E., & Haley, D. A. (2011). Are students telling us the truth? A critical look at the student evaluation of teaching. *Marketing Education Review, 21*(2), 101-112. https://doi.org/10.2753/mer1052-8008210201

[5] Osborne, D., Davies, P. G., & Hutchinson, S. (2016). Stereotypicality biases and the criminal justice system. *The Cambridge Handbook of the Psychology of Prejudice*, 542-558. https://doi.org/10.1017/9781316161579.024

[6] Harding, J. P., Rosenthal, S. S., & Sirmans, C. F. (2003). Estimating bargaining power in the market for existing homes. *Review of Economics and Statistics, 85*(1), 178-188. https://doi.org/10.1162/003465303762687794

[7] Bian, L., Leslie, S. J., & Cimpian, A. (2018). Evidence of bias against girls and women in contexts that emphasize intellectual ability. *The American Psychologist, 73*(9), 1139-1153. https://doi.org/10.1037/amp0000427

Lebrecht, S., Pierce, L. J., Tarr, M. J., & Tanaka, J. W. (2009). Perceptual other-race training reduces implicit racial bias. *Plos One*, *4*(1), e4215. https://doi.org/10.1371/journal.pone.0004215

[8] Problemas com o viés da disponibilidade em tempos de covid-19, cf.: Kelly, S., Waters, L., Cevik, M., Collins, S., Lewis, J., Wu, M. S., Blanchard, T. J., & Geretti, A. M. (2020). *Pneumocystis* pneumonia, a COVID-19 mimic, reminds us of the importance of HIV testing in COVID-19. *Clinical Medicine (London, England), 20*(6), 590–592. https://doi.org/10.7861/clinmed.2020-0565

Alerta para os radiologistas durante a pandemia do novo coronavírus: Hanfi, S. H., Lalani, T. K., Saghir, A., McIntosh, L. J., Lo, H. S., & Kotecha, H. M. (2021). COVID-19 and its Mimics: What the Radiologist Needs to Know. *Journal of Thoracic Imaging, 36*(1), W1–W10. https://doi.org/10.1097/RTI.0000000000000554

O caso específico de uma criança: Hoard, J. C., Medus, C., & Schleiss, M. R. (2021). A 3-year-old with fever and abdominal pain: availability bias in the time of COVID-19. *Clinical Pediatrics, 60*(1), 83-86. https://doi.org/10.1177/0009922820964455

Artigo brasileiro que não cita a disponibilidade explicitamente, mas deveria: Teixeira, C., Rosa, R. G., Rodrigues Filho, E. M., & Fernandes, E. O. (2020). O processo de tomada de decisão médica em tempos de pandemia por coronavírus. *Revista Brasileira de Terapia Intensiva, 32*(2), 308-311. https://pubmed.ncbi.nlm.nih.gov/32667435

Sobre problemas de diagnósticos feitos por residentes, cf.: Mamede, S., Goeijenbier, M., Schuit, S., de Carvalho Filho, M. A., Staal, J., Zwaan, L., & Schmidt, H. G. (2021). Specific disease knowledge as predictor of susceptibility to availability bias in diagnostic reasoning: a randomized controlled experiment. *Journal of General Internal Medicine, 36*(3), 640-646. https://doi.org/10.1007/s11606-020-06182-6

Ainda sobre diagnósticos feitos por residentes, cf.: Mamede, S., van Gog, T., van den Berge, K., Rikers, R. M., van Saase, J. L., van Guldener, C., & Schmidt, H. G. (2010). Effect of availability bias and reflective reasoning on diagnostic accuracy among internal medicine residents. *JAMA, 304*(11), 1198-1203. https://doi.org/10.1001/jama.2010.1276

[9] Barrett, L. F., & Simmons, W. K. (2015). Interoceptive predictions in the brain. *Nature Reviews. Neuroscience, 16*(7), 419-429. https://doi.org/10.1038/nrn3950

[10] Danziger, S., Levav, J., & Avnaim-Pesso, L. (2011). Extraneous factors in judicial decisions. *Proceedings of the National Academy of Sciences of the United States of America, 108*(17), 6889-6892. https://doi.org/10.1073/pnas.1018033108

[11] Uma crítica a essa teoria: Lord, C. G. (1992). Was cognitive dissonance theory a mistake? *Psychological Inquiry, 3*(4), 339-342. https://doi.org/10.1207/s15327965pli0304_12

[12] Jean Tsang, S. (2017). Cognitive discrepancy, dissonance, and selective exposure. *Media Psychology, 22*(3), 394-417. https://doi.org/10.1080/15213269.2017.1282873

Jarcho, J. M., Berkman, E. T., & Lieberman, M. D. (2011). The neural basis of rationalization: cognitive dissonance reduction during decision-making. *Social Cognitive and Affective Neuroscience, 6*(4), 460-467. https://doi.org/10.1093/scan/nsq054

[13] Hindsight. (n.d.). In *Merriam-Webster*. Recuperado em 31 de agosto de 2023, de https://www.merriam-webster.com/dictionary/hindsight

[14] Double-blind. (n.d.). In *Merriam-Webster*. Recuperado em 31 de agosto de 2023, de https://www.merriam-webster.com/dictionary/double-blind

Vrieze, J. (2021). Large survey finds questionable research practices are common. *Science, 373*(6552), 265. https://doi.org/10.1126/science.373.6552.265

[15] Goldin, C., & Rouse, C. (2000). Orchestrating Impartiality: The impact of "blind" auditions on female musicians. *American Economic Review, 90*(4), 715-741. https://doi.org/10.1257/aer.90.4.715

[16] Wong, H. K., Stephen, I. D., & Keeble, D. (2020). The own-race bias for face recognition in a multiracial society. *Frontiers in Psychology, 11*, 208. https://doi.org/10.3389/fpsyg.2020.00208

[17] Hoffman, K. M., Trawalter, S., Axt, J. R., & Oliver, M. N. (2016). Racial bias in pain assessment and treatment recommendations, and false beliefs about biological differences between blacks and whites. *Proceedings of the National Academy of Sciences of the United States of America, 113*(16), 4296-4301. https://doi.org/10.1073/pnas.1516047113

[18] Ingraham, C. (16 de novembro de 2017). Black men sentenced to more time for committing the exact same crime as a white person, study finds. *Washington Post*. Recuperado em 31 de agosto de 2023, de https://www.washingtonpost.com/news/wonk/wp/2017/11/16/black-men--sentenced-to-more-time-for-committing-the-exact-same-crime-as-a-white-person-study-finds/

Schmitt, G. R., Reedt, L., & Blackwell, K. (novembro de 2017, p. 4). *Demographic Differences in Sentencing: An Update to the 2012 Booker Report*. United States Sentencing Comission.

Recuperado em 31 de agosto de 2023, de https://www.ussc.gov/research/research-reports/demographic-differences-sentencing

[19] Especialistas e não especialistas são vítimas do efeito de ancoragem, cf.: Northcraft, G. B., & Neale, M. A. (1987). Experts, amateurs, and real estate: an anchoring-and-adjustment perspective on property pricing decisions. *Organizational Behavior and Human Decision Processes, 39*(1), 84-97. https://doi.org/10.1016/0749-5978(87)90046-x

[20] Qiu, L., Tu, Y., & Zhao, D. (2019). Information asymmetry and anchoring in the housing market: a stochastic frontier approach. *Journal of Housing and the Built Environment, 35*(2), 573-591. https://doi.org/10.1007/s10901-019-09701-y

Lambson, V. E., McQueen, G. R., & Slade, B. A. (2004). Do out-of-state buyers pay more for real estate? An examination of anchoring-induced bias and search costs. *Real Estate Economics, 32*(1), 85-126. https://doi.org/10.1111/j.1080-8620.2004.00085.x

Tu, Y., Li, P., & Qiu, L. (2016). Housing search and housing choice in urban China. *Urban Studies, 54*(8), 1851-1866. https://doi.org/10.1177/0042098016630519

Zhou, X., Gibler, K., & Zahirovic-Herbert, V. (2015). Asymmetric buyer information influence on price in a homogeneous housing market. *Urban Studies, 52*(5), 891-905. https://doi.org/10.1177/0042098014529464

[21] Smith, A. R., & Windschitl, P. D. (2015). Resisting anchoring effects: the roles of metric and mapping knowledge. *Memory & Cognition, 43*(7), 1071-1084. https://doi.org/10.3758/s13421-015-0524-4

Bystranowski, P., Janik, B., Próchnicki, M., & Skórska, P. (2021). Anchoring effect in legal decision-making: a meta-analysis. *Law and Human Behavior, 45*(1), 1-23. https://doi.org/10.1037/lhb0000438

Yoon, S., Fong, N. M., & Dimoka, A. (2019). The robustness of anchoring effects on preferential judgments. *Judgment and Decision Making, 14*(4), 470-487. Recuperado em 8 de agosto de 2021, de http://journal.sjdm.org/19/190426/jdm190426.html

[22] Papel da dopamina no otimismo irrealista em impedir os ajustes necessários para se ter em conta o cenário realista, cf.: Sharot, T., Guitart-Masip, M., Korn, C. W., Chowdhury, R., & Dolan, R. J. (2012). How dopamine enhances an optimism bias in humans. *Current Biology, 22*(16), 1477-1481. https://doi.org/10.1016/j.cub.2012.05.053

Pais que têm viés otimista irrealista e colocam filhos em risco, cf.: Rosales, P. P., & Allen, P. L. (2012). Optimism bias and parental views on unintentional injuries and safety: improving anticipatory guidance in early childhood. *Pediatric Nursing, 38*(2), 73-79. https://pubmed.ncbi.nlm.nih.gov/22685866/

Pacientes com Parkinson aprendem mais com escolhas negativas e erradas do que escolhas positivas e erradas, cf.: Frank, M. J., Seeberger, L. C., & O'reilly, R. C. (2004). By carrot or by stick: cognitive reinforcement learning in parkinsonism. *Science, 306*(5703), 1940-1943. https://doi.org/10.1126/science.1102941

Pessimismo e otimismo irrealista em animais, cf.: Harding, E. J., Paul, E. S., & Mendl, M. (2004). Cognitive bias and affective state. *Nature, 427*(6972), 312. https://doi.org/10.1038/427312a

Estudo mostrando que o viés otimista em mais velhos não pode ser usado como preditor de depressão ou satisfação, cf.: Isaacowitz, D. M. (2005). Correlates of well-being in adulthood and old age: a tale of two optimisms. *Journal of Research in Personality, 39*(2), 224-244. https://doi.org/10.1016/j.jrp.2004.02.003

Estudo mostrando o contrário, a respeito do viés pessimista e da instalação da depressão: Gotlib, I. H., & Krasnoperova, E. (1998). Biased information processing as a vulnerability factor for depression. *Behavior Therapy, 29*(4), 603-617. https://doi.org/10.1016/s0005-7894(98)80020-8

Otimismo irrealista na sala de aula, cf.: McGee, H. M., & Cairns, J. (1994). Unrealistic optimism: a behavioural sciences classroom demonstration project. *Medical Education, 28*(6), 513-516. https://doi.org/10.1111/j.1365-2923.1994.tb02728.x

Em se manter em projetos falidos, cf.: Meyer, W. G. (2014). The effect of optimism bias on the decision to terminate failing projects. *Project Management Journal, 45*(4), 7-20. https://doi.org/10.1002/pmj.21435

[23] Há muita disputa nesta área, cf.: Boë, L. J., Sawallis, T. R., Fagot, J., Badin, P., Barbier, G., Captier, G., Ménard, L., Heim, J. L., & Schwartz, J. L. (2019). Which way to the dawn of speech?: reanalyzing half a century of debates and data in light of speech science. *Science Advances, 5*(12), eaaw3916. https://doi.org/10.1126/sciadv.aaw3916

[24] Sagan, C. (2006). *O Mundo Assombrado Pelos Demônios*. Companhia das Letras.

[25] Considerações para pesquisas futuras sobre júri, cf.: Curley, L. J. (5 de setembro de 2018). *How juror bias can be tackled to ensure fairer trials*. The Conversation. Recuperado em 8 de agosto de 2021, de https://theconversation.com/how-juror-bias-can-be-tackled-to-ensure-fairer-trials-100476

[26] Tobler, P. N., & Weber, E. U. (2014). Valuation for risky and uncertain choices. *Neuroeconomics*, 149-172. https://doi.org/10.1016/b978-0-12-416008-8.00009-7

Peters, A., McEwen, B. S., & Friston, K. (2017). Uncertainty and stress: why it causes diseases and how it is mastered by the brain. *Progress in Neurobiology, 156*, 164-188. https://doi.org/10.1016/j.pneurobio.2017.05.004

[27] Berker, A. O., Rutledge, R. B., Mathys, C., Marshall, L., Cross, G. F., Dolan, R. J., & Bestmann, S. (2016). Computations of uncertainty mediate acute stress responses in humans. *Nature Communications, 7*, 10996. https://doi.org/10.1038/ncomms10996

[28] Jia, R., Furlong, E., Gao, S., Santos, L. R., & Levy, I. (2020). Learning about the Ellsberg Paradox reduces, but does not abolish, ambiguity aversion. *Plos One, 15*(3), e0228782. https://doi.org/10.1371/journal.pone.0228782

[29] Palazzo, G., Krings, F., & Hoffrage, U. (2012). Ethical blindness. *Journal of Business Ethics, 109*(3), 323-338. https://doi.org/10.1007/s10551-011-1130-4

[30] Jonason, P. K., & Li, N. P. (2013). Playing hard-to-get: manipulating one's perceived availability as a mate. *European Journal of Personality, 27*(5), 458-469. https://doi.org/10.1002/per.1881

6. Empatia: caminho para uma vida melhor?

[1] Empathy. (n.d.). In *Merriam-Webster*. Recuperado em 31 de agosto de 2023, de https://www.merriam-webster.com/dictionary/empathy

[2] Empatia. (2001, p. 1125). *Dicionário Houaiss de Língua Portuguesa* (1. ed.). Instituto Antônio Houaiss.

[3] Empathy. (n.d.). In *Merriam-Webster*. Recuperado em 31 de agosto de 2023, de https://www.merriam-webster.com/dictionary/empathy

[4] Sobre sua evolução, cf.: Waal, F. B. (2012). The Antiquity of Empathy. *Science, 336*(6083), 874-876. https://doi.org/10.1126/science.1220999

[5] Por isso a empatia tem um componente de autointeresse, ao contrário do que muitos defendem. Cf.: van Dongen J. (2020). The empathic brain of psychopaths: from social science to neuroscience in empathy. *Frontiers in Psychology, 11*, 695. https://doi.org/10.3389/fpsyg.2020.00695

[6] Waal, F. B. (2008). Putting the altruism back into altruism: the evolution of empathy. *Annual Review of Psychology, 59*(1), 279-300. https://doi.org/10.1146/annurev.psych.59.103006.093625

[7] Eu chamo de cognitiva em português o que, em inglês, os cientistas denominam de *perspective-taking* (mas vale notar que alguns gostam do termo empatia racional), cf.: Waal, F. B. (2008). Putting the altruism back into altruism: the evolution of empathy. *Annual Review of Psychology, 59*(1), 279-300. https://doi.org/10.1146/annurev.psych.59.103006.093625

[8] Waal, F. B. (2008). Putting the altruism back into altruism: the evolution of empathy. *Annual Review of Psychology, 59*(1), 279-300. https://doi.org/10.1146/annurev.psych.59.103006.093625

[9] Waal, F. B. (2008). Putting the altruism back into altruism: the evolution of empathy. *Annual Review of Psychology, 59*(1), 279-300. https://doi.org/10.1146/annurev.psych.59.103006.093625

[10] Barrett, L. F. (2017, pp. 195-196). *How Emotions Are Made: The Secret Life of the Brain*. Houghton Mifflin Harcourt.

A sincronia e desincronia estão relacionadas ao neurodesenvolvimento da criança. Cf.: Giuliano, R. J., Skowron, E. A., & Berkman, E. T. (2015). Growth models of dyadic synchrony and mother-child vagal tone in the context of parenting at-risk. *Biological Psychology, 105*, 29-36. https://doi.org/10.1016/j.biopsycho.2014.12.009

Bell, M. A. (2020). Mother-child behavioral and physiological synchrony. *Advances in Child Development and Behavior, 58*, 163-188. https://doi.org/10.1016/bs.acdb.2020.01.006

Skowron, E. A., Loken, E., Gatzke-Kopp, L. M., Cipriano-Essel, E. A., Woehrle, P. L., Van Epps, J. J., Gowda, A., & Ammerman, R. T. (2011). Mapping cardiac physiology and parenting processes in maltreating mother-child dyads. *Journal of Family Psychology: JFP: journal of the Division of Family Psychology of the American Psychological Association (Division 43), 25*(5), 663-674. https://doi.org/10.1037/a0024528

A disrupção dessa sincronia entre mãe e criança, causada por depressão profunda, e a relação disso com a presença de depressão em gerações futuras. Cf.: Woody, M. L., Feurer, C., Sosoo, E. E., Hastings, P. D., & Gibb, B. E. (2016). Synchrony of physiological activity during mother-child interaction: moderation by maternal history of major depressive disorder. *Journal of Child Psychology and Psychiatry, and Allied Disciplines, 57*(7), 843-850. https://doi.org/10.1111/jcpp.12562

[11] Broly, P., & Deneubourg, J. L. (2015). Behavioural contagion explains group cohesion in a social crustacean. *PLoS Computational Biology, 11*(6), e1004290. https://doi.org/10.1371/journal.pcbi.1004290

[12] von Hippel, W., & Trivers, R. (2011). The evolution and psychology of self-deception. *The Behavioral and Brain Sciences, 34*(1), 1-56. https://doi.org/10.1017/S0140525X10001354

Trivers, R. (2014). *The Folly of Fools: The Logic of Deceit and Self-Deception in Human Life*. Basic Books.

[13] Bloom, P. (2016, pp. 197-200). *Against Empathy: The Case for Rational Compassion*. Ecco.

[14] Sobre a expansão do círculo empático, cf.: Singer, P. (2011). *The Expanding Circle: Ethics, Evolution, and Moral Progress* (Revised ed.). Princeton University Press. Note que Peter Singer usa o termo no sentido mais amplo – de progresso moral –, mas eu não, pois há muitas evidências contra o argumento moral dentro da empatia. E, para progresso moral, há outro conceito, o que Peter Bloom chama de compaixão racional, embora eu não goste muito desse termo. Cf.: Bloom, P. (2016, p. 239). *Against Empathy: The Case for Rational Compassion*. Ecco.

[15] Pinker, S. (2012, p. 175). *The Better Angels of Our Nature: Why Violence Has Declined*. Penguin Books.

[16] Pinker, S. (2012, p. 175). *The Better Angels of Our Nature: Why Violence Has Declined*. Penguin Books.

[17] Vachon, D. D., Lynam, D. R., & Johnson, J. A. (2014). The (non)relation between empathy and aggression: surprising results from a meta-analysis. *Psychological Bulletin, 140*(3), 751-773. https://doi.org/10.1037/a0035236

[18] Decety, J., & Cowell, J. M. (2014). Friends or foes: is empathy necessary for moral behavior?. *Perspectives on Psychological Science: a journal of the Association for Psychological Science, 9*(5), 525-537. https://doi.org/10.1177/1745691614545130

[19] Zhang, H., Gross, J., De Dreu, C., & Ma, Y. (2019). Oxytocin promotes coordinated out-group attack during intergroup conflict in humans. *eLife, 8*, e40698. https://doi.org/10.7554/eLife.40698

Shalvi, S., & De Dreu, C. K. (2014). Oxytocin promotes group-serving dishonesty. *Proceedings of the National Academy of Sciences of the United States of America, 111*(15), 5503-5507. https://doi.org/10.1073/pnas.1400724111

Sheng, F., Liu, Y., Zhou, B., Zhou, W., & Han, S. (2013). Oxytocin modulates the racial bias in neural responses to others' suffering. *Biological Psychology, 92*(2), 380-386. https://doi.org/10.1016/j.biopsycho.2012.11.018

Shamay-Tsoory, S. G., Fischer, M., Dvash, J., Harari, H., Perach-Bloom, N., & Levkovitz, Y. (2009). Intranasal administration of oxytocin increases envy and schadenfreude (gloating). *Biological Psychiatry, 66*(9), 864-870. https://doi.org/10.1016/j.biopsych.2009.06.009

Peled-Avron, L., Abu-Akel, A., & Shamay-Tsoory, S. (2020). Exogenous effects of oxytocin in five psychiatric disorders: a systematic review, meta-analyses and a personalized approach through the lens of the social salience hypothesis. *Neuroscience and Biobehavioral Reviews, 114*, 70-95. https://doi.org/10.1016/j.neubiorev.2020.04.023

[20] Lindenfors, P., Wartel, A., & Lind, J. (2021). 'Dunbar's number' deconstructed. *Biology Letters, 17*(5), 20210158. https://doi.org/10.1098/rsbl.2021.0158

Gross, J. (2021, May 11). Dunbar's number debunked: you can have more than 150 friends. *The New York Times*. Recuperado em 31 de agosto de 2023, de https://www.nytimes.com/2021/05/11/science/dunbars-number-debunked.html

[21] Emerging Technology from the arXiv. (2 de abril de 2020). Your brain limits you to just five BFFs. *MIT Technology Review*. Recuperado em 31 de agosto de 2023, de https://www.technologyreview.com/2016/04/29/160438/your-brain-limits-you-to-just-five-bffs/

[22] Simas, E. N., Clifford, S., & Kirkland, J. H. (2019). How empathic concern fuels political polarization. *American Political Science Review, 114*(1), 258-269. https://doi.org/10.1017/s0003055419000534

[23] Decety, J. (2021). Why Empathy Is Not a Reliable Source of Information in Moral Decision Making. *Current Directions in Psychological Science.* https://doi.org/10.1177/09637214211031943

[24] GiveWell Homepage (n.d.). GiveWell. Recuperado em 31 de agosto de 2023, de https://www.givewell.org/

[25] *Clinton Health Access Initiative (CHAI).* (n.d.). GiveWell. Recuperado em 31 de agosto de 2023, de https://www.givewell.org/international/charities/Clinton-Health-Access-Initiative

[26] Bloom, P. (2016). *Against Empathy: The Case for Rational Compassion.* Ecco.

7. Quem se engana, engana melhor o mundo

[1] Sobre os jogos, cf.: Glimcher, P. W., & Fehr, E. (2013, pp. 194-196). *Neuroeconomics: Decision Making and the Brain* (2. ed.). Academic Press.

Uma meta-análise dos jogos, cf.: Larney, A., Rotella, A., & Barclay, P. (2019). Stake size effects in ultimatum game and dictator game offers: a meta-analysis. *Organizational Behavior and Human Decision Processes, 151*, 61-72. https://doi.org/10.1016/j.obhdp.2019.01.002

Uma anterior apenas do jogo do ditador. Cf.: Engel, C. (2011). Dictator games: a meta study. *Experimental Economics, 14*(4), 583-610. https://doi.org/10.1007/s10683-011-9283-7

Avaliação da teoria do *fairness*; meta-análise que mostra que, em países mais expostos aos mecanismos do mercado, essa hipótese não explica as escolhas nos jogos. Cf.: Cochard, F., le Gallo, J., Georgantzis, N., & Tisserand, J. C. (2021). Social preferences across different populations: meta-analyses on the ultimatum game and dictator game. *Journal of Behavioral and Experimental Economics, 90*, 101613. https://doi.org/10.1016/j.socec.2020.101613

[2] Andreoni, J., & Bernheim, B. D. (2009). Social image and the 50–50 norm: a theoretical and experimental analysis of audience effects. *Econometrica, 77*(5), 1607-1636. https://doi.org/10.3982/ecta7384

[3] Sobre dois livros a respeito da moralidade em outros animais, cf.: Suttie, J. (9 de julho de 2013). *Finding Morality in Animals.* Greater Good. Recuperado em 31 de agosto de 2023, de https://greatergood.berkeley.edu/article/item/morality_animals

Para o resumo de outro livro sobre a moralidade em outros animais, cf.: Rowlands, M. (2012). *Can Animals Be Moral?* (1. ed.). Oxford University Press. https://doi.org/10.1093/acprof:oso/9780199842001.001.0001

Monsó, S., Benz-Schwarzburg, J., & Bremhorst, A. (2018). Animal morality: what it means and why it matters. *The Journal of Ethics, 22*(3), 283-310. https://doi.org/10.1007/s10892-018-9275-3

[4] Um livro inteiro dedicado a esse assunto é o seguinte: Trivers, R. (2014). *The Folly of Fools: The Logic of Deceit and Self-Deception in Human Life.* Basic Books.

[5] Illusory Superiority. (13 de julho de 2021). In *Wikipédia*. https://en.wikipedia.org/wiki/Illusory_superiority

Davidai, S., & Deri, S. (2019). The second pugilist's plight: why people believe they are above average but are not especially happy about it. *Journal of Experimental Psychology: General, 148*(3), 570–587. https://doi.org/10.1037/xge0000580

[6] Zak, P. J., Jensen, M. C., & O'Connor, E. O. H. (2008, pp. 63-76). *Moral Markets.* Amsterdam University Press.

[7] Scardino, A. (25 de fevereiro de 2019). How the world sees Winston Churchill. *The New European.* Recuperado em 31 de agosto de 2023, de https://www.theneweuropean.co.uk/brexit-news-albert-scardino-on-winston-churchill-41524

[8] Chua, R. Y. J., & Zou, X. C. (2009). The Devil wears Prada? Effects of exposure to luxury goods on cognition and decision making. *SSRN Electronic Journal.* https://doi.org/10.2139/ssrn.1498525

[9] McVeigh, K. (19 de dezembro de 2017). Steve Jobs regretted delaying cancer surgery, biographer tells CBS. *The Guardian.* Recuperado em 31 de agosto de 2023, de https://www.theguardian.com/technology/2011/oct/21/steve-jobs-cancer-surgery-regret

[10] Wapner, J. (27 de outubro de 2011). Did alternative medicine extend or abbreviate steve jobs's life? *Scientific American.* Recuperado em 31 de agosto de 2023, de https://www.scientificamerican.com/article/alternative-medicine-extend-abbreviate-steve-jobs-life/

[11] Thaler, R. H. (2018). Nudge, not sludge. *Science, 361*(6401), 431. https://doi.org/10.1126/science.aau9241

[12] English, V., Johnson, E., Sadler, B. L., & Sadler, A. M. (2019). Is an opt-out system likely to increase organ donation? *BMJ,* l967. https://doi.org/10.1136/bmj.l967

Sobre Wales, cf.: *Welsh Health Minister celebrates that 'Opt-out organ donation scheme has transformed lives.'* (3 de dezembro de 2020). NHS Organ Donation. Recuperado em 31 de agosto de 2023, de https://www.organdonation.nhs.uk/get-involved/news/welsh-health-minister-celebrates-that-opt-out-organ-donation-scheme-has-transformed-lives/

Revisão mostra controvérsia e indica a necessidade de educação global para evitar, por exemplo, a redução na doação de órgãos em decorrência da recusa de um familiar. Cf.: Etheredge, HR. (2021). Assessing global organ donation policies: Opt-In vs Opt-Out. *Risk Manag Healthcare Policy, 14,* 1985-1998. https://doi.org/10.2147/RMHP.S270234

[13] Sobre o desenvolvimento moral, não localizei nenhum estudo que comprova comportamento altruísta antes dos 18 meses. O consenso é que ele aparece a partir dos 6 anos. Cf.: Warneken, F., & Tomasello, M. (2006). Altruistic helping in human infants and young chimpanzees. *Science, 311*(5765), 1301-1303. https://doi.org/10.1126/science.1121448

Esse desenvolvimento moral está associado à empatia e ao respeito. Para saber mais sobre como isso se dá em crianças, cf.: McAuliffe, K., Blake, P. R., Steinbeis, N., & Warneken, F. (2017). The developmental foundations of human fairness. *Nature Human Behaviour, 1*(2). https://doi.org/10.1038/s41562-016-0042

Para entender a intervenção educacional e seus efeitos no desenvolvimento moral, cf.: Rottman, J., Zizik, V., Minard, K., Young, L., Blake, P. R., & Kelemen, D. (2020). The moral, or the story? Changing children's distributive justice preferences through social communication. *Cognition, 205,* 104441. https://doi.org/10.1016/j.cognition.2020.104441

[14] Harari, Y. N. (2020). *Sapiens - Uma Breve História da Humanidade.* Companhia das Letras.

[15] Tragédia dos comuns. (n.d.). In *Wikipédia*. Recuperado em 31 de agosto de 2023, de https://pt.wikipedia.org/wiki/Trag%C3%A9dia_dos_comuns

[16] Ostrom, E. (2010). Beyond Markets and States: Polycentric Governance of Complex Economic Systems. *The American Economic Review*, 100(3), 641–672. http://www.jstor.org/stable/27871226

[17] Rawls, J. (2005). *A theory of justice*. Belknap Press.

8. Liderar para não ser liderado

[1] Ridley, M. (2020, pp. 50-54). *How Innovation Works: And Why It Flourishes in Freedom*. Harper.

Smallpox: Variolation. (n.d.). NIH - U.S. National Library of Medicine. Recuperado em 20 de julho de 2021, de https://www.nlm.nih.gov/exhibition/smallpox/sp_variolation.html

[2] Feitosa-Santana, C. (2020). *Criatividade e Inovação – Com um Olhar Científico*. Produção Independente.

[3] Dúvidas a respeito da biologia evolucionista, cf.: Saul, H. (13 de dezembro de 2013). Humans are not smarter than animals - we just don't understand them. *The Independent*. Recuperado em 31 de agosto de 2023, de https://www.independent.co.uk/news/science/humans-are-not-smarter-animals-we-just-don-t-understand-them-9003196.html

Uma meta-análise mostra que educação é a intervenção mais robusta e consistente para elevar a inteligência. Cf.: Jabr, F. (26 de fevereiro de 2014). The science is in: elephants are even smarter than we realized [Vídeo]. *Scientific American*. Recuperado em 31 de agosto de 2023, de https://www.scientificamerican.com/article/the-science-is-in-elephants-are-even-smarter-than-we-realized-video/

[4] Jabr, F. (26 de fevereiro de 2014b). The science is in: elephants are even smarter than we realized [Vídeo]. *Scientific American*. Recuperado em 8 de agosto de 2021, de https://www.scientificamerican.com/article/the-science-is-in-elephants-are-even-smarter-than-we-realized-video/

[5] Meta-análise dos estudos sobre ser mais lado esquerdo ou direito do cérebro, Cf.: Nielsen, J. A., Zielinski, B. A., Ferguson, M. A., Lainhart, J. E., & Anderson, J. S. (2013). An evaluation of the left-brain vs. right-brain hypothesis with resting state functional connectivity magnetic resonance imaging. *Plos One, 8*(8), e71275. https://doi.org/10.1371/journal.pone.0071275

[6] Para criatividade e liderança, cf.: Judge, T. A., Bono, J. E., Ilies, R., & Gerhardt, M. W. (2002). Personality and leadership: a qualitative and quantitative review. *The Journal of Applied Psychology, 87*(4), 765-780. https://doi.org/10.1037/0021-9010.87.4.765

[7] Não temos duas inteligências, a emocional e a racional. Essa é uma falácia e não existe teste para inteligência emocional. Temos uma mente, um cérebro integrado e, portanto, nossa inteligência não pode ser fragmentada. Cf.: Antonakis, J., Ashkanasy, N. M., & Dasborough, M. T. (2009). Does leadership need emotional intelligence? *The Leadership Quarterly, 20*(2), 247-261. https://doi.org/10.1016/j.leaqua.2009.01.006

[8] Dificuldade em estudos de liderança por causa de vieses. Cf.: Li, P., Sun, J. M., Taris, T. W., Xing, L., & Peeters, M. C. (2021). Country differences in the relationship between leadership

and employee engagement: a meta-analysis. *The Leadership Quarterly, 32*(1), 101458. https://doi.org/10.1016/j.leaqua.2020.101458

[9] Ridley, M. (2020, pp. 2-3). *How Innovation Works: And Why It Flourishes in Freedom*. Harper.

[10] Ridley, M. (2020). *How Innovation Works: And Why It Flourishes in Freedom*. Harper.

[11] Esse autoconhecimento motiva e possibilita a criatividade de subordinados. Cf.: Zhou, J., & George, J. M. (2003). Awakening employee creativity: the role of leader emotional intelligence. *The Leadership Quarterly, 14*(4-5), 545-568. https://doi.org/10.1016/s1048-9843(03)00051-1

Importância do autoconhecimento para ser considerado líder (assim como o entendimento do coletivo para ser endossado como líder). Cf.: Steffens, N. K., Wolyniec, N., Okimoto, T. G., Mols, F., Haslam, S. A., & Kay, A. A. (2021). Knowing me, knowing us: personal and collective self-awareness enhances authentic leadership and leader endorsement. *The Leadership Quarterly*, 101498. https://doi.org/10.1016/j.leaqua.2021.101498

[12] Masi, D. (2000). *O Ócio Criativo*. Sextante.

[13] Gustavson, D. E., Miyake, A., Hewitt, J. K., & Friedman, N. P. (2014). Genetic relations among procrastination, impulsivity, and goal-management ability: implications for the evolutionary origin of procrastination. *Psychological Science, 25*(6), 1178-1188. https://doi.org/10.1177/0956797614526260

[14] O termo ócio criativo é utilizado aqui de acordo com a definição de Domenico Di Masi. cf. Masi, D. (2000). O Ócio Criativo. Sextante.

[15] Beutel, M. E., Klein, E. M., Aufenanger, S., Brähler, E., Dreier, M., Müller, K. W., Quiring, O., Reinecke, L., Schmutzer, G., Stark, B., & Wölfling, K. (2016). Procrastination, distress and life satisfaction across the age range - a German representative community study. *Plos One, 11*(2), e0148054. https://doi.org/10.1371/journal.pone.0148054

[16] Steel P. (2007). The nature of procrastination: A meta-analytic and theoretical review of quintessential self-regulatory failure. *Psychological Bulletin, 133*(1), 65-94. https://doi.org/10.1037/0033-2909.133.1.65

[17] Steel, P. (2007). The nature of procrastination: A meta-analytic and theoretical review of quintessential self-regulatory failure. *Psychological Bulletin*, 133(1), 65-94. https://doi.org/10.1037/0033-2909.133.1.65

[18] Memória de "líderes" ressonantes e dissonantes. Cf.: Boyatzis, R. E., Passarelli, A. M., Koenig, K., Lowe, M., Mathew, B., Stoller, J. K., & Phillips, M. (2012). Examination of the neural substrates activated in memories of experiences with resonant and dissonant leaders. *The Leadership Quarterly, 23*(2), 259-272. https://doi.org/10.1016/j.leaqua.2011.08.003

[19] A importância de ser visto como modelo para ser considerado um líder, além do contágio e da conexão. Cf.: Decuypere, A., & Schaufeli, W. (2019). Leadership and work engagement: exploring explanatory mechanisms. *German Journal of Human Resource Management: Zeitschrift Für Personalforschung, 34*(1), 69-95. https://doi.org/10.1177/2397002219892197

Contudo, ver artigo que sugere, diferentemente do anterior, que empatia é importante para estudantes, mas não para organizações, governos e militares: Antonakis, J., Ashkanasy, N. M., & Dasborough, M. T. (2009). Does leadership need emotional intelligence? *The Leadership Quarterly*, 20(2), 247-261. https://doi.org/10.1016/j.leaqua.2009.01.006

[20] Kiers, T. (2019, October 30). *Lessons from Fungi on Markets and Economics* [Vídeo]. TED Talks. Recuperado em 31 de agosto de 2023, de https://www.ted.com/talks/toby_kiers_lessons_from_fungi_on_markets_and_economics?language=en

[21] Fellbaum, C. R., Gachomo, E. W., Beesetty, Y., Choudhari, S., Strahan, G. D., Pfeffer, P. E., Kiers, E. T., & Bücking, H. (2012). Carbon availability triggers fungal nitrogen uptake and transport in arbuscular mycorrhizal symbiosis. *Proceedings of the National Academy of Sciences of the United States of America, 109*(7), 2666-2671. https://doi.org/10.1073/pnas.1118650109

Kiers, E. T., Duhamel, M., Beesetty, Y., Mensah, J. A., Franken, O., Verbruggen, E., Fellbaum, C. R., Kowalchuk, G. A., Hart, M. M., Bago, A., Palmer, T. M., West, S. A., Vandenkoornhuyse, P., Jansa, J., & Bücking, H. (2011). Reciprocal rewards stabilize cooperation in the mycorrhizal symbiosis. *Science, 333*(6044), 880-882. https://doi.org/10.1126/science.1208473

Fisher, R. M., Henry, L. M., Cornwallis, C. K., Kiers, E. T., & West, S. A. (2017). The evolution of host-symbiont dependence. *Nature Communications, 8*, 15973. https://doi.org/10.1038/ncomms15973

O mais recente de todos: Van't Padje, A., Werner, G., & Kiers, E. T. (2021). Mycorrhizal fungi control phosphorus value in trade symbiosis with host roots when exposed to abrupt 'crashes' and 'booms' of resource availability. *The New Phytologist, 229*(5), 2933-2944. https://doi.org/10.1111/nph.17055

[22] Vidyarthi, P. R., Anand, S., & Liden, R. C. (2014). Do emotionally perceptive leaders motivate higher employee performance? The moderating role of task interdependence and power distance. *The Leadership Quarterly, 25*(2), 232-244. https://doi.org/10.1016/j.leaqua.2013.08.003

[23] Petronio, R. (28 de setembro de 2016). *Peter Sloterdijk: A fronteira entre artes, ciências, filosofia e outros saberes*. Fronteiras do Pensamento. Recuperado em 8 de agosto de 2023, de https://www.fronteiras.com/artigos/peter-sloterdijk-a-fronteira-entre-artes-ciencias-filosofia-e-outros-saberes

[24] Kiers, E. T., West, S. A., Wyatt, G. A., Gardner, A., Bücking, H., & Werner, G. D. (2016). Misconceptions on the application of biological market theory to the mycorrhizal symbiosis. *Nature Plants, 2*(5), 16063. https://doi.org/10.1038/nplants.2016.63

Van der Heijden, M. G., & Walder, F. (2016). Reply to 'Misconceptions on the application of biological market theory to the mycorrhizal symbiosis'. *Nature Plants, 2*(5), 16062. https://doi.org/10.1038/nplants.2016.62

[25] Eliot, L. (2019). Neurosexism: the myth that men and women have different brains. *Nature, 566*(7745), 453-454. https://doi.org/10.1038/d41586-019-00677-x

[26] Há muitos estudos mostrando que há diferenças entre homens e mulheres, mas que as diferenças entre gêneros são mais culturais do que biológicas. Inclusive, os gêneros são mais parecidos do que diferentes. Para um resumo, cf.: Valian, V. (2011). Psychology: more alike than different. *Nature, 470*(7334), 332-333. https://doi.org/10.1038/470332a

Sanchis-Segura, C., Ibañez-Gual, M. V., Adrián-Ventura, J., Aguirre, N., Gómez-Cruz, Á. J., Avila, C., & Forn, C. (2019). Sex differences in gray matter volume: how many and how large are they really?. *Biology of Sex Differences, 10*(1), 32. https://doi.org/10.1186/s13293-019-0245-7

Cherney, I. D., Kelly-Vance, L., Gill Glover, K., Ruane, A., & Oliver Ryalls, B. (2003). The effects of stereotyped toys and gender on play assessment in children aged 18–47 months. *Educational Psychology, 23*(1), 95-106. https://doi.org/10.1080/01443410303222

Sommer, I. E., Aleman, A., Somers, M., Boks, M. P., & Kahn, R. S. (2008). Sex differences in handedness, asymmetry of the planum temporale and functional language lateralization. *Brain Research, 1206*, 76-88. https://doi.org/10.1016/j.brainres.2008.01.003

Löffler, C. S., & Greitemeyer, T. (2021). Are women the more empathetic gender? The effects of gender role expectations. *Current Psychology*. https://doi.org/10.1007/s12144-020-01260-8

[27] Fine, C. (2008). Will working mothers' brains explode? The popular new genre of Neurosexism. *Neuroethics, 1*(1), 69-72. https://doi.org/10.1007/s12152-007-9004-2

[28] Paper com *deep learning* que defende a diferença, assim como inúmeros outros. Cf.: Xin, J., Zhang, Y., Tang, Y., & Yang, Y. (2019). Brain differences between men and women: evidence from deep learning. *Frontiers in Neuroscience, 13*, 185. https://doi.org/10.3389/fnins.2019.00185

[29] Valian, V. (2011). Psychology: more alike than different. *Nature, 470*(7334), 332-333. https://doi.org/10.1038/470332a

[30] Apesar de resultados sobre as diferenças estruturais, que não significam funcionais. Cf.: Lotze, M., Domin, M., Gerlach, F. H., Gaser, C., Lueders, E., Schmidt, C. O., & Neumann, N. (2019). Novel findings from 2,838 adult brains on sex differences in gray matter brain volume. *Scientific Reports, 9*(1), 1671. https://doi.org/10.1038/s41598-018-38239-2

Estudo recente que aponta para diferenças pequenas. Cf.: Eliot, L., Ahmed, A., Khan, H., & Patel, J. (2021). Dump the "dimorphism": comprehensive synthesis of human brain studies reveals few male-female differences beyond size. *Neuroscience and Biobehavioral Reviews, 125*, 667-697. https://doi.org/10.1016/j.neubiorev.2021.02.026

[31] Eliot, L. (2019). Neurosexism: the myth that men and women have different brains. *Nature, 566*(7745), 453-454. https://doi.org/10.1038/d41586-019-00677-x

[32] Bian, L., Leslie, S.-J., & Cimpian, A. (2018). Evidence of bias against girls and women in contexts that emphasize intellectual ability. *American Psychologist, 73*(9), 1139-1153. https://doi.org/10.1037/amp0000427

[33] Oller, D. K., Gilkerson, J., Richards, J. A., Hannon, S., Griebel, U., Bowman, D. D., Brown, J. A., Yoo, H., & Warren, S. F. (2023). Sex differences in infant vocalization and the origin of language. *iScience, 26*(6), 106884. https://doi.org/10.1016/j.isci.2023.106884

Guest, K. (2 de março de 2019). The Gendered Brain by Gina Rippon review – exposing a myth. *The Guardian*. Recuperado em 31 de agosto de 2023, de https://www.theguardian.com/books/2019/mar/02/the-gendered-brain-by-gina-rippon-review

[34] Bilén, D., Dreber, A., & Johanneson, M. (2020). Are women more generous than men? A meta-analysis. *SSRN Electronic Journal*. https://doi.org/10.2139/ssrn.3578038

[35] Lewis, D. (2013, pp. 198-204). *Impulse: Why We Do What We Do Without Knowing Why We Do It*. Penguin Books.

[36] Libet, B., Gleason, C. A., Wright, E. W., & Pearl, D. K. (1983). Time of conscious intention to act in relation to onset of cerebral activity (readiness-potential). The unconscious initiation of a freely voluntary act. *Brain, 106*(3), 623-642. https://doi.org/10.1093/brain/106.3.623

[37] Parmigiani, G., Mandarelli, G., Meynen, G., Tarsitani, L., Biondi, M., & Ferracuti, S. (2017). Free will, neuroscience, and choice: towards a decisional capacity model for insanity defense evaluations. *Rivista di Psichiatria, 52*(1), 9-15. https://doi.org/10.1708/2631.27049

[38] Mitchell K. J. (2018). Does neuroscience leave room for free will?. *Trends in Neurosciences, 41*(9), 573-576. https://doi.org/10.1016/j.tins.2018.05.008

Greene, J., & Cohen, J. (2004). For the law, neuroscience changes nothing and everything. *Philosophical Transactions of The Royal Society of London. Series B, Biological Sciences, 359*(1451), 1775-1785. https://doi.org/10.1098/rstb.2004.1546

[39] Baumeister, R. F. (2008). Free will in scientific psychology. *Perspectives on Psychological Science: a journal of the Association for Psychological Science, 3*(1), 14-19. https://doi.org/10.1111/j.1745-6916.2008.00057.x

[40] Braun, M. N., Wessler, J., & Friese, M. (2021). A meta-analysis of Libet-style experiments. *Neuroscience and Biobehavioral Reviews, 128*, 182-198. https://doi.org/10.1016/j.neubiorev.2021.06.018

Genschow, O., Rigoni, D., & Brass, M. (2017). Belief in free will affects causal attributions when judging others' behavior. *Proceedings of the National Academy of Sciences of the United States of America, 114*(38), 10071-10076. https://doi.org/10.1073/pnas.1701916114

Horgan, J. (3 de junho de 2019). Free will is real. *Scientific American*. Recuperado em 31 de agosto de 2023, de https://blogs.scientificamerican.com/cross-check/free-will-is-real/

Lavazza A. (2016). Free will and neuroscience: from explaining freedom away to new ways of operationalizing and measuring it. *Frontiers in Human Neuroscience, 10*, 262. https://doi.org/10.3389/fnhum.2016.00262

Hills T. T. (2019). Neurocognitive free will. *Biological Sciences, 286*(1908), 20190510. https://doi.org/10.1098/rspb.2019.0510

Brass, M., Furstenberg, A., & Mele, A. R. (2019). Why neuroscience does not disprove free will. *Neuroscience and Biobehavioral Reviews, 102*, 251-263. https://doi.org/10.1016/j.neubiorev.2019.04.024

[41] Vohs, K. D., & Schooler, J. W. (2008). The value of believing in free will: encouraging a belief in determinism increases cheating. *Psychological Science, 19*(1), 49-54. https://doi.org/10.1111/j.1467-9280.2008.02045.x

[42] Mercier, B., Wiwad, D., Piff, P. K., Aknin, L. B., Robinson, A. R., & Shariff, A. (2020). Does belief in free will increase support for economic inequality? *Collabra: Psychology, 6*(1). https://doi.org/10.1525/collabra.303

Cave, S. (10 de junho de 2016). There's No Such Thing as Free Will. *The Atlantic*. Recuperado em 31 de agosto de 2023, de https://www.theatlantic.com/magazine/archive/2016/06/theres-no-such-thing-as-free-will/480750/

[43] Rigoni, D., Pourtois, G., & Brass, M. (2015). 'Why should I care?' Challenging free will attenuates neural reaction to errors. *Social Cognitive and Affective Neuroscience, 10*(2), 262-268. https://doi.org/10.1093/scan/nsu068

[44] Gunji, Y. P., Minoura, M., Kojima, K., & Horry, Y. (2017). Free will in Bayesian and inverse Bayesian inference-driven endo-consciousness. *Progress in Biophysics and Molecular Biology, 131*, 312-324. https://doi.org/10.1016/j.pbiomolbio.2017.06.018

9. A construção da vida feliz

[1] Kahneman, D. (2011, pp. 300-309). *Thinking Fast and Slow*. Farrar, Straus and Giroux.

[2] O termo felicidade passou a ser tão problemático para se pesquisar, por causa dos diversos significados que ele apresenta, que alguns estudos tratam dessa questão. Estas páginas sugerem o uso de *life satisfaction*, ou seja, satisfação com a vida, que aqui eu chamo de vida feliz. Cf.: Ngamaba, K. H., Panagioti, M., & Armitage, C. J. (2017). How strongly related are health status and subjective well-being? Systematic review and meta-analysis. *European Journal of Public Health, 27*(5), 879-885. https://doi.org/10.1093/eurpub/ckx081

Outro estudo que sugere que bem-estar é melhor que felicidade e *life satisfaction* é o seguinte: Ruggeri, K., Garcia-Garzon, E., Maguire, Á., Matz, S., & Huppert, F. A. (2020). Well-being is more than happiness and life satisfaction: a multidimensional analysis of 21 countries. *Health and Quality of Life Outcomes, 18*(1), 192. https://doi.org/10.1186/s12955-020-01423-y

Este livro separa o estado emocional da avaliação da vida, que aqui chamo de felicidade e vida feliz, respectivamente. Cf.: Diener, E., Kahneman, D., & Helliwell, J. (2010). *International Differences in Well-Being (Oxford Positive Psychology Series)* (Illustrated ed.). Oxford University Press. https://doi.org/10.1093/acprof:oso/9780199732739.001.0001

[3] Esse termo foi utilizado por Lisa Feldman Barrett, afirmando que nenhum sentimento tem uma impressão digital. Cf.: Barret, L. F. (2017, pp. 1-24). *How Emotions Are Made: The Secret Life of the Brain*. Houghton Mifflin Harcourt.

[4] Barret, L. F. (2017, pp. 1-24). *How Emotions Are Made: The Secret Life of the Brain*. Houghton Mifflin Harcourt.

[5] Blanchflower, D. G. (2020). Is happiness U-shaped everywhere? Age and subjective well-being in 145 countries. *Journal of Population Economics*, 1-50. https://doi.org/10.1007/s00148-020-00797-z

[6] Oishi, S., Graham, J., Kesebir, S., & Galinha, I. C. (2013). Concepts of happiness across time and cultures. *Personality & Social Psychology Bulletin, 39*(5), 559-577. https://doi.org/10.1177/0146167213480042

[7] Saikawa, D. (2014). *A Jornada de Tarô*. Companhia das Letrinhas.

[8] Pode ajudar no tratamento de pacientes suicidas. Cf.: Ducasse, D., Dassa, D., Courtet, P., Brand-Arpon, V., Walter, A., Guillaume, S., Jaussent, I., & Olié, E. (2019). Gratitude diary for the management of suicidal inpatients: A randomized controlled trial. *Depression and Anxiety, 36*(5), 400-411. https://doi.org/10.1002/da.22877

Correlatos neurais da gratidão e sua relação com a avaliação de vida feliz: Kong, F., Zhao, J., You, X., & Xiang, Y. (2020). Gratitude and the brain: trait gratitude mediates the association between structural variations in the medial prefrontal cortex and life satisfaction. *Emotion, 20*(6), 917-926. https://doi.org/10.1037/emo0000617

[9] Cunha, L. F., Pellanda, L. C., & Reppold, C. T. (2019). Positive psychology and gratitude interventions: a randomized clinical trial. *Frontiers in Psychology, 10*, 584. https://doi.org/10.3389/fpsyg.2019.00584

Mas vale notar que sentir gratidão não está relacionado com perdão. Cf.: Vayness, J., Duong, F., & DeSteno, D. (2020). Gratitude increases third-party punishment. *Cognition & Emotion, 34*(5), 1020-1027. https://doi.org/10.1080/02699931.2019.1700100

[10] Ma, L. K., Tunney, R. J., & Ferguson, E. (2017). Does gratitude enhance prosociality?: A meta-analytic review. *Psychological Bulletin, 143*(6), 601-635. https://doi.org/10.1037/bul0000103

[11] Apesar de a definição variar, a resiliência tem bases genéticas e podemos, então, considerá-la um fenótipo: algumas pessoas a têm; outras, não. Intervenções podem ajudar aqueles que não a tem, mas precisamos de mais estudos. Cf.: Casale, R., Sarzi-Puttini, P., Botto, R., Alciati, A., Batticciotto, A., Marotto, D., & Torta, R. (2019). Fibromyalgia and the concept of resilience. *Clinical and Experimental Rheumatology, 37 Suppl 116*(1), 105-113. https://pubmed.ncbi.nlm.nih.gov/30747098/

[12] Ben-Shahar, T. (30 de dezembro de 2015). How to have a happier new year in four easy steps. *The Irish Times*. Recuperado em 31 de agosto de 2023, de https://www.irishtimes.com/life-and-style/people/how-to-have-a-happier-new-year-in-four-easy-steps-1.2473812

[13] Estudo mostra que fatores imunológicos influenciam o funcionamento do cérebro e podem facilitar ou dificultar a resiliência. Por isso, pesquisas nessa área indicam a possibilidade do uso de probióticos que possam fortalecer o sistema imunológico e facilitar a resiliência: Dantzer, R., Cohen, S., Russo, S. J., & Dinan, T. G. (2018). Resilience and immunity. *Brain, Behavior, and Immunity, 74*, 28-42. https://doi.org/10.1016/j.bbi.2018.08.010

Estudo para viabilizar intervenções para o desenvolvimento de resiliência: Osório, C., Probert, T., Jones, E., Young, A. H., & Robbins, I. (2017). Adapting to stress: understanding the neurobiology of resilience. *Behavioral Medicine, 43*(4), 307-322. https://doi.org/10.1080/08964289.2016.1170661

[14] Unanue, W., Gómez, M. E., Cortez, D., Oyanedel, J. C., & Mendiburo-Seguel, A. (2017). Revisiting the link between job satisfaction and life satisfaction: the role of basic psychological needs. *Frontiers in Psychology, 8*, 680. https://doi.org/10.3389/fpsyg.2017.00680

Satisfação no trabalho em associação a uma melhoria na saúde (o oposto associado a burnout, depressão, ansiedade e baixa autoestima). Cf.: Near, J. P., Smith, C. A., Rice, R. W., & Hunt, R. G. (1984b). A comparison of work and nonwork predictors of life satisfaction. *Academy of Management Journal, 27*(1), 184-190. https://www.jstor.org/stable/255966

Sentir-se bem com a vida, ou seja, uma percepção de vida feliz, também aumenta a satisfação com o trabalho: Hagmaier, T., Abele, A. E., & Goebel, K. (2018). How do career satisfaction and life satisfaction associate? *Journal of Managerial Psychology, 33*(2), 142-160. https://doi.org/10.1108/jmp-09-2017-0326

[15] Ted. (26 de abril de 2012). *The surprising science of happiness | Dan Gilbert*. [Vídeo]. YouTube. Recuperado em 31 de agosto de 2023, de https://www.youtube.com/watch?v=4q1dgn_C0AU

O autor também escreveu um livro: Gilbert, D. (2006). *Stumbling on Happiness*. Knopf.

[16] Ritchie, H. (14 de fevereiro de 2018). *Causes of Death*. Our World in Data. Recuperado em 31 de agosto de 2023, de https://ourworldindata.org/causes-of-death

[17] Janse, B. (11 de maio de 2021). *Tal Ben-Shahar's Happiness Model*. Toolshero. Recuperado em 31 de agosto de 2023, de https://www.toolshero.com/psychology/happiness-model/

[18] Rumgay, H., Shield, K., Charvat, H., Ferrari, P., Sornpaisarn, B., Obot, I., Islami, F., Lemmens, V., Rehm, J., & Soerjomataram, I. (2021). Global burden of cancer in 2020 attributable to alcohol consumption: a population-based study. *The Lancet. Oncology*, S1470-2045(21)00279-5. https://doi.org/10.1016/S1470-2045(21)00279-5

O'Connor, A. (2021). Should your cocktail carry a cancer warning? *The New York Times*. Recuperado em 31 de agosto de 2023, de https://www.nytimes.com/2021/03/04/well/alcohol--cancer-risk.html

[19] Aamodt, S. (6 de maio de 2016). Why you can't lose weight on a diet. *The New York Times*. Recuperado em 31 de agosto de 2023, de https://www.nytimes.com/2016/05/08/opinion/sunday/why-you-cant-lose-weight-on-a-diet.html

[20] Ngamaba, K. H., Panagioti, M., & Armitage, C. J. (2017). How strongly related are health status and subjective well-being? Systematic review and meta-analysis. *European Journal of Public Health, 27*(5), 879-885. https://doi.org/10.1093/eurpub/ckx081

[21] *Sleep Deprivation and Deficiency.* (29 de junho de 2021). NIH - National Heart, Lung, and Blood Institute. Recuperado em 31 de agosto de 2023, de https://www.nhlbi.nih.gov/health-topics/sleep-deprivation-and-deficiency

[22] Há também a hipótese da generalização, entre outras. Cf.: Zadra A., & Stickgold, R. (2021). *When Brain Dreams: Exploring the Science and Mystery of Sleep.* W. W. Norton & Company.

[23] Pacheco, D. (13 de novembro de 2020). *Memory and Sleep.* Sleep Foundation. Recuperado em 10 de agosto de 2021, de https://www.sleepfoundation.org/how-sleep-works/memory-and-sleep

Cappello, K. (21 de dezembro de 2020). *The Impact of Sleep on Learning and Memory | Chronobiology and Sleep Institute.* Perelman School of Medicine at the University of Pennsylvania. Recuperado em 31 de agosto de 2023, de https://www.med.upenn.edu/csi/the-impact-of-sleep--on-learning-and-memory.html

[24] Wagner, U., Gais, S., Haider, H., Verleger, R., & Born, J. (2004). Sleep inspires insight. *Nature, 427*(6972), 352-355. https://doi.org/10.1038/nature02223

[25] Irwin, M. R. (2019). Sleep and inflammation: partners in sickness and in health. *Nature Reviews Immunology, 19*(11), 702-715. https://doi.org/10.1038/s41577-019-0190-z

[26] Toker, S., & Melamed, S. (2017). Stress, recovery, sleep, and burnout. *The Handbook of Stress and Health*, 168-185. https://doi.org/10.1002/9781118993811.ch10

Heckman, W. (26 de junho de 2020). *Sleep Is the Best Way to Recover from Stress.* The American Institute of Stress. Recuperado em 31 de agosto de 2023, de https://www.stress.org/sleep-is-the-best-way-to-recover-from-stress

[27] *1 in 3 adults don't get enough sleep.* (1 de janeiro de 2016). CDC. Recuperado em 31 de agosto de 2023, de https://www.cdc.gov/media/releases/2016/p0215-enough-sleep.html

[28] Why do we sleep?. (2000). *Nature Neuroscience, 3*(12), 1225. https://doi.org/10.1038/81735

[29] Rebar, A. L., Stanton, R., Geard, D., Short, C., Duncan, M. J., & Vandelanotte, C. (2015). A meta-meta-analysis of the effect of physical activity on depression and anxiety in non-clinical adult populations. *Health Psychology Review, 9*(3), 366-378. https://doi.org/10.1080/17437199.2015.1022901

Paluska, S. A., & Schwenk, T. L. (2000). Physical activity and mental health: current concepts. *Sports Medicine, 29*(3), 167-180. https://doi.org/10.2165/00007256-200029030-00003

[30] Kantomaa, M. T., Stamatakis, E., Kankaanpää, A., Kaakinen, M., Rodriguez, A., Taanila, A., Ahonen, T., Järvelin, M. R., & Tammelin, T. (2013). Physical activity and obesity mediate the association between childhood motor function and adolescents' academic achievement. *Proceedings of the National Academy of Sciences of the United States of America, 110*(5), 1917-1922. https://doi.org/10.1073/pnas.1214574110

[31] Daimiel, L., Martínez-González, M. A., Corella, D., Salas-Salvadó, J., Schröder, H., Vioque, J., Romaguera, D., Martínez, J. A., Wärnberg, J., Lopez-Miranda, J., Estruch, R., Cano-Ibáñez, N., Alonso-Gómez, A., Tur, J. A., Tinahones, F. J., Serra-Majem, L., Micó-Pérez, R. M., Lapetra, J., Galdón, A., Pintó, X., … Ordovás, J. M. (2020). Physical fitness and physical activity association with cognitive function and quality of life: baseline cross-sectional analysis of the PREDIMED-Plus trial. *Scientific Reports, 10*(1), 3472. https://doi.org/10.1038/s41598-020-59458-6

[32] Rominger, C., Fink, A., Weber, B., Papousek, I., & Schwerdtfeger, A. R. (2020). Everyday bodily movement is associated with creativity independently from active positive affect: a Bayesian mediation analysis approach. *Scientific Reports, 10*(1), 11985. https://doi.org/10.1038/s41598-020-68632-9

[33] Mochón-Benguigui, S., Carneiro-Barrera, A., Castillo, M. J., & Amaro-Gahete, F. J. (2021). Role of physical activity and fitness on sleep in sedentary middle-aged adults: the FIT-AGEING study. *Scientific Reports, 11*(1), 539. https://doi.org/10.1038/s41598-020-79355-2

[34] Owen, P. J., Miller, C. T., Mundell, N. L., Verswijveren, S., Tagliaferri, S. D., Brisby, H., Bowe, S. J., & Belavy, D. L. (2020). Which specific modes of exercise training are most effective for treating low back pain? Network meta-analysis. *British Journal of Sports Medicine, 54*(21), 1279-1287. https://doi.org/10.1136/bjsports-2019-100886

[35] Bytautiene, E. (2014). Genetic basis for variations in the effect of physical activity on cardiometabolic risk. *Science Translational Medicine, 6*(228), 228ec48. https://doi.org/10.1126/scitranslmed.3008865

[36] Barcelos, A. M., Kargas, N., Maltby, J., Hall, S., & Mills, D. S. (2020). A framework for understanding how activities associated with dog ownership relate to human well-being. *Scientific Reports, 10*(1), 11363. https://doi.org/10.1038/s41598-020-68446-9

[37] Ritchie, H. (14 de fevereiro de 2018). *Causes of Death.* Our World in Data. Recuperado em 31 de agosto de 2023, de https://ourworldindata.org/causes-of-death

[38] Bernardi, L., Sleight, P., Bandinelli, G., Cencetti, S., Fattorini, L., Wdowczyc-Szulc, J., & Lagi, A. (2001). Effect of rosary prayer and yoga mantras on autonomic cardiovascular rhythms: comparative study. *BMJ, 323*(7327), 1446-1449. https://doi.org/10.1136/bmj.323.7327.1446

[39] Canadian Agency for Drugs and Technologies in Health. (19 de junho de 2015). *Mindfulness Interventions for the Treatment of Post-Traumatic Stress Disorder, Generalized Anxiety Disorder, Depression, and Substance Use Disorders: A Review of the Clinical Effectiveness and Guidelines.* Canadian Agency for Drugs and Technologies in Health. Recuperado em 10 de agosto de 2021, de https://www.ncbi.nlm.nih.gov/books/NBK304574/

Brandmeyer, T., Delorme, A., & Wahbeh, H. (2019). The neuroscience of meditation: classification, phenomenology, correlates, and mechanisms. *Progress in Brain Research, 244*, 1-29. https://doi.org/10.1016/bs.pbr.2018.10.020

Evans, S., Ling, M., Hill, B., Rinehart, N., Austin, D., & Sciberras, E. (2018). Systematic review of meditation-based interventions for children with ADHD. *European Child & Adolescent Psychiatry, 27*(1), 9-27. https://doi.org/10.1007/s00787-017-1008-9

Goyal, M., Singh, S., Sibinga, E. M., Gould, N. F., Rowland-Seymour, A., Sharma, R., Berger, Z., Sleicher, D., Maron, D. D., Shihab, H. M., Ranasinghe, P. D., Linn, S., Saha, S., Bass, E. B., & Haythornthwaite, J. A. (2014). Meditation programs for psychological stress and well-being: a systematic review and meta-analysis. *JAMA Internal Medicine, 174*(3), 357-368. https://doi.org/10.1001/jamainternmed.2013.13018

Spoon, M. (25 de setembro de 2020). *Can Meditation Cause You Harm?* Greater Good. Recuperado em 31 de agosto de 2023, de https://greatergood.berkeley.edu/article/item/can_meditation_cause_you_harm

Kaliman P. (2019). Epigenetics and meditation. *Current Opinion in Psychology, 28*, 76-80. https://doi.org/10.1016/j.copsyc.2018.11.010

[40] Paper que mostra a ausência de presença e atenção, e como isso está muito relacionado a um sentimento negativo, a infelicidade: Killingsworth, M. A., & Gilbert, D. T. (2010). A wandering mind is an unhappy mind. *Science, 330*(6006), 932. https://doi.org/10.1126/science.1192439

[41] Gilovich, T., Kumar, A., & Jampol, L. (2015). A wonderful life: experiential consumption and the pursuit of happiness. *Journal of Consumer Psychology, 25*(1), 152-165. https://doi.org/10.1016/j.jcps.2014.08.004

[42] Não serve para todo mundo. Os resultados são heterogêneos, mas, para quem funciona, ajuda um pouco. Cf.: Coles, N. A., Larsen, J. T., & Lench, H. C. (2019). A meta-analysis of the facial feedback literature: effects of facial feedback on emotional experience are small and variable. *Psychological Bulletin, 145*(6), 610-651. https://doi.org/10.1037/bul0000194

[43] White, M. P., Alcock, I., Grellier, J., Wheeler, B. W., Hartig, T., Warber, S. L., Bone, A., Depledge, M. H., & Fleming, L. E. (2019). Spending at least 120 minutes a week in nature is associated with good health and wellbeing. *Scientific Reports, 9*(1), 7730. https://doi.org/10.1038/s41598-019-44097-3

Sia, A., Tam, W., Fogel, A., Kua, E. H., Khoo, K., & Ho, R. (2020). Nature-based activities improve the well-being of older adults. *Scientific Reports, 10*(1), 18178. https://doi.org/10.1038/s41598-020-74828-w

[44] Global Council on Brain Health (2020). *Music on Our Minds: The Rich Potential of Music to Promote Brain Health and Mental Well-Being.* https://doi.org/10.26419/pia.00103.001

[45] Mineo, L. (11 de abril de 2017). *Over nearly 80 years, Harvard study has been showing how to live a healthy and happy life.* Harvard Gazette. Recuperado em 31 de agosto de 2023, de https://news.harvard.edu/gazette/story/2017/04/over-nearly-80-years-harvard-study-has-been-showing-how-to-live-a-healthy-and-happy-life/

[46] Kahneman, D., & Deaton, A. (2010). High income improves evaluation of life but not emotional well-being. *Proceedings of the National Academy of Sciences of the United States of America, 107*(38), 16489-16493. https://doi.org/10.1073/pnas.1011492107

Killingsworth M. A. (2021). Experienced well-being rises with income, even above $75,000 per year. *Proceedings of the National Academy of Sciences of the United States of America, 118*(4), e2016976118. https://doi.org/10.1073/pnas.2016976118

Estudo na China na linha do suficiente. Cf.: Li, B., Li, A., Wang, X., & Hou, Y. (2016). The money buffer effect in China: a higher income cannot make you much happier but might allow you to worry less. *Frontiers in Psychology, 7,* 234. https://doi.org/10.3389/fpsyg.2016.00234

Muitos dos países com maior índice de suicídio são de baixa renda. Cf.: *Suicide mortality rate (per 100,000 population).* (n.d.). The World Bank | Data. Recuperado em 31 de agosto de 2023, de https://genderdata.worldbank.org/indicators/sh-sta-suic-p5

[47] Menor comparação de renda está associada a maior satisfação com a vida (equivalente a "se não dá para mudar o mundo, mude seu mundo"). Cf.: Cerci, P. A., & Dumludag, D. (2019). Life satisfaction and job satisfaction among university faculty: the impact of working conditions, academic performance and relative income. *Social Indicators Research, 144*(2), 785-806. https://doi.org/10.1007/s11205-018-02059-8

Tan, J., Kraus, M. W., Carpenter, N. C., & Adler, N. E. (2020). The association between objective and subjective socioeconomic status and subjective well-being: a meta-analytic review. *Psychological Bulletin, 146*(11), 970-1020. https://doi.org/10.1037/bul0000258

Livro com muita informação sobre a renda, a desigualdade e as medidas de felicidade e vida feliz. Cf.: Diener, E., Kahneman, D., & Helliwell, J. (2010). *International Differences in Well-Being (Oxford Positive Psychology Series)* (Illustrated ed.). Oxford University Press. https://doi.org/10.1093/acprof:oso/9780199732739.001.0001

[48] *World Happiness Index 2021.* (n.d.). Country Economy. Recuperado em 20 de julho de 2021, de https://countryeconomy.com/demography/world-happiness-index

[49] Muitos dos países com maior índice de suicídio são caracterizados por desigualdade e violação de direitos humanos. Cf.: *Suicide mortality rate (per 100,000 population).* (n.d.). The World Bank | Data. Recuperado em 31 de agosto de 2023, de https://genderdata.worldbank.org/indicators/sh-sta-suic-p5/

[50] Human Development Index. (n.d.). In *Wikipedia.* Recuperado em 31 de agosto de 2023, de https://en.wikipedia.org/wiki/Human_Development_Index

Editora Planeta Brasil | 20 ANOS

Acreditamos nos livros

Este livro foi composto em Adobe Garamond Pro e impresso pela Geográfica para a Editora Planeta do Brasil em setembro de 2023.